国家级一流本科专业建设成果教材

有机化学实验

（第二版）

肖玉梅　郑 冰　张 成　主编

化学工业出版社

·北 京·

内容简介

本书为国家级一流本科专业建设成果教材，由中国农业大学理学院有机化学教研组教师基于多年面向非化学专业本科生的教学实践，并参考国内外优秀教材和最新科研成果编写而成。内容涵盖有机化学实验的安全规范、试剂与仪器使用、实验报告撰写及文献检索等基础知识，系统训练萃取、蒸馏、重结晶、柱色谱等基本操作技能，并通过典型有机合成与天然产物提取实验强化应用能力；同时引入绿色化学实验、无水无氧反应、硼氢化还原、光化学反应等现代合成技术。部分实验配套精品数字课程，附录还提供了常用英文缩写、试剂纯度等级等实用资料，助力学生夯实基础、拓宽视野。

本书可作为高等农林院校农业生产、生命科学、食品科学、环境科学等专业本科生的有机化学实验教材，也可供相关院校和农林专业的技术人员参考。

图书在版编目（CIP）数据

有机化学实验 / 肖玉梅，郑冰，张成主编. -- 2 版. 北京 : 化学工业出版社，2025. 12. --（国家级一流本科专业建设成果教材）. -- ISBN 978-7-122-49586-0

Ⅰ. O62-33

中国国家版本馆 CIP 数据核字第 20257QS199 号

责任编辑：孙高洁　刘　军　　　装帧设计：关　飞

责任校对：王鹏飞

出版发行：化学工业出版社

(北京市东城区青年湖南街 13 号　邮政编码 100011)

印　　装：大厂回族自治县聚鑫印刷有限责任公司

710mm×1000mm　1/16　印张 11¾　字数 227 千字

2025 年 12 月北京第 2 版第 1 次印刷

购书咨询：010-64518888　　　售后服务：010-64518899

网　　址：http://www.cip.com.cn

凡购买本书，如有缺损质量问题，本社销售中心负责调换。

定　　价：39.80 元

本书编写人员名单

主　　编： 肖玉梅　郑　冰　张　成

副 主 编： 卢　欢　花曼丽

编写人员（按姓名汉语拼音排序）：

安　杰　边庆花　郭红超　郝向洪

侯玉霞　花曼丽　黄家兴　李佳奇

林　燕　刘吉平　卢　欢　秦子凤

吴燕华　肖玉梅　袁德凯　张　成

张建军　张云飞　张振华　郑　冰

郑　丽　周磊杰

前言

我国高等农林院校承担培养21世纪高素质农业人才的任务。“有机化学实验”课程的开设，对构建学生完整的知识体系、培养其理论联系实际的能力、促使其创新思维的形成、使之具备良好的科研技能和科学素养具有不可替代的作用。

当今有机化学研究的深度及广度、学科的交叉融合及实验技术的革新等方面都进入了一个快速发展阶段，一本适合农林专业学生使用的有机化学实验教材，既要保证知识体系的系统性和科学性，又要兼顾农林院校专业设置特点和后续相关课程的需求，同时能引导学生养成良好的实验室工作习惯、科学的思维习惯和科学素养。

自本书第一版出版以来，广受师生欢迎与好评。为适应高素质农业人才培养需求，契合国家级一流本科专业建设目标，并结合多年教学实践、国内相关教材经验及有机化学领域最新研究进展，我校有机化学教研室对教材进行了系统修订：在保留原有精华内容的基础上，新增有机合成新技术，同时删减或更新了部分不适应当前教学要求的内容，显著提升了教材的科学性、前沿性与实用价值。本教材的特色如下：

① 鉴于有机合成实验对理论学习和实验技能培养的重要作用，选取了药物硝基地平（药物心痛定）、阿司匹林、植物生长调节剂苯氧乙酸、汽油抗爆剂甲基叔丁基醚合成等与生产生活密切相关的内容，以激发同学们学习的兴趣；同时，对于传统的合成实验项目，也注重实现实验内容的绿色化，如乙酸乙酯的合成中，使用了有机酸作为催化剂；另外通过引入扁桃酸和苯基吲哚的合成使学生学习相转移催化和杂环合成等现代有机合成实验技术。

② 鉴于天然产物化学在农业生产生活中的重要应用，以及天然产物的提取对培养学生综合实验能力的作用，教材实验内容的选取借鉴了国外教材和科研论文的研究成果，如肉豆蔻和青蒿素等物质的分离及提取等。

③ 结合现代有机化学学科的发展，本教材也介绍了不对称合成、电化学反应及绿色化学反应的实例，使学生直观认识现代实验技术对有机合成的促进作用。

④ 为培养学生从整体上理解、对实验内容条理化和归纳总结的能力，本教材在有机合成和天然产物提取实验内容的编写中增加了实验流程图。

本教材在编写过程中力求内容详尽而语言精练。鉴于篇幅和学时所限，红外光谱、核磁共振、质谱等谱图解析内容在本教材没有介绍，特此说明。

本书可供高等农林院校作物、园艺、水产、畜牧、兽医、环境、生物、农业工程等相关专业本科生使用，也可供其他院校师生和农林科研工作者参考使用。

傅滨教授对此教材的总体结构设计提出了宝贵建议，并对书稿进行了审阅，特此致谢！

鉴于本书编者水平有限，疏漏之处在所难免，恳请广大师生、同仁批评指正！

编者

2025 年 9 月

第一版前言

我国高等农林院校承担着培养21世纪高素质农业人才的任务。“有机化学实验”课程的开设，在学生构建完整的知识体系、培养其理论联系实际的能力、促使其创新思维的形成、使之具备良好的科研技能和科学素养等方面具有不可替代的作用。该课程已成为作物、园艺、遗传育种、植物保护、动医动科、食品科学、生命科学、环境科学及农业工程等专业本科生重要的基础实践课程。

当今有机化学研究的深度及广度、学科的交叉融合及实验技术的革新等方面都进入了一个快速发展阶段，一本适合农林专业学生使用的有机化学实验教材，既要保证知识体系的系统性和科学性，又要兼顾农林院校专业设置特点和后续相关课程的需求，同时能引导学生养成良好的实验室工作习惯、科学的思维习惯和培养其良好的科学素养。

针对我校“十三五”核心课程建设的目标和多年来的教学实践，并参考国内相关教材内容以及结合有机化学研究进展，特组织我校有机化学教研室编写了这本教材，以适应高素质农业人才培养的需要。本教材的特色如下：

① 对实验基本操作技术进行了模块化介绍，增加了该技术在食品科学和生物科学领域应用实例，如：白酒中乙醇含量的测定、药物组分的薄层色谱分离等。

② 鉴于有机合成实验课程对理论学习和实验技能培养的重要作用，选取了药物硝苯地平（心痛定）、阿司匹林、植物生长调节剂苯氧乙酸、汽油抗爆剂甲基叔丁基醚的合成等与生产生活密切相关的内容，以激发学生学习的兴趣；同时对于传统的合成实验项目，也注重实现实验内容的绿色化，如乙酸乙酯的合成中，使用了有机酸作为催化剂；另外通过引入扁桃酸和苯基吲哚的合成使学生学习相转移催化和杂环合成等现代有机合成实验技术。

③ 鉴于天然产物化学在农业生产生活中的重要应用，以及天然产物的提取对培养学生综合实验能力的作用，教材实验内容的选取借鉴了国外教材和科研论文的研究成果，如肉豆蔻和青蒿素等物质的分离与提取等。

④ 结合现代有机合成技术的发展，本教材也介绍了微波合成实验，使学生直观认识现代实验技术对有机合成的促进作用。

⑤ 为培养学生的理解能力和对实验内容条理化的归纳总结能力，本教材在有机合成和天然产物提取的实验内容的编写中增加了实验流程图。

⑥ 本教材在实验内容安排上遵循由简单到复杂、由单步反应到多步反应的原

则。同时安全、环保、节约等理念也贯穿于每一项实验中。

本教材在编写过程中力求内容详尽而语言精练。鉴于篇幅和学时所限，红外光谱、核磁共振、质谱等谱图解析内容在本教材没有介绍，特此说明。

本书可供高等农林院校作物、园艺、水产、畜牧、兽医、环境、森林、生物、农业工程等相关专业本科生使用，也可供其他院校师生和农林科研工作者参考使用。

傅滨教授对此教材的总体结构设计提出了宝贵建议，并对书稿进行了审阅。本书编写及出版过程中，还得到了化学工业出版社的关心支持。特此致谢！

鉴于本书编者水平有限，疏漏之处在所难免，恳请广大师生、同仁批评指正！

编者

2017 年 8 月 15 日于北京

目录

第1章 有机化学实验基本知识 / 1

第2章 有机化学实验基本操作 / 25

第3章　有机化合物的合成 / 86

第4章　天然产物的提取与分离 / 122

第5章　绿色化学实验 / 148

第1章 有机化学实验基本知识

任何一门科学的形成都来源于实践，尤其是化学。化学作为一门实践性极强的学科，其发展离不开实验的有力支撑。有机化学尤为如此，只有通过系统而扎实的有机化学实验训练，才能真正理解和掌握其核心原理与精髓。近两个世纪以来，有机化学不仅已形成了三千多万种有机化合物组成的庞大家族及相应的产业体系，也为食品科学、生命科学和环境科学等学科的发展提供了技术和理论根据，而这一切无不依赖于有机化学实验知识的应用。因此，有机化学实验技术的教育教学理应在农林院校占有重要的地位。本课程结合农林院校的特点，旨在培养学生掌握有机化学实验的基本知识和基本技能，并能综合地运用它们。

1.1 实验室安全规则

化学实验室是存在潜在危险的工作场所，实验室中如果发生事故，会产生严重的后果。然而，如果同学们思想上能高度重视安全，谨慎操作，事故的发生概率将大大降低。为了确保有机化学实验课的顺利、安全进行，保障实验教学质量，同学们必须遵守以下规则：

（1）进入实验室之前　必须认真阅读本章内容，了解进入实验室后应该注意的事项及有关的操作要求，掌握实验室安全和紧急救护的常识。

（2）进入实验室后　首先要了解实验室的布局，包括水、电的位置，消防器材、洗眼器、紧急喷淋装置的位置和使用方法，药品、玻璃仪器及实验中所用到的公用物品的存放位置。

（3）实验服和个人防护　进入实验室必须穿实验服，不能穿拖鞋、背心等使身体暴露过多的服装进入实验室，根据实验需要佩戴防护镜。实验室内禁止吃东西、打电话等。个人物品如书包、衣服等应放在老师指定的地方。

（4）实验准备　做实验之前，要认真预习实验内容及相关资料，撰写实验预习报告，确保了解实验目的和方法，才可以进入实验室做实验。

（5）实验操作时　应先将实验装置搭装好，经指导老师检查合格后，才能进行下一步操作。在操作前，应思考每一步操作的目的、意义，掌握关键步骤及难点，了解所用药品的性质及应注意的安全问题。

（6）严格操作规程　实验中要严格按操作规程操作，如要改变必须经指导老师同意。实验中要认真、仔细观察实验现象，如实做好记录。实验完成后，指导老师要登记实验结果，并将产品回收统一保管。课后，按时写出符合规范的实验报告。

（7）实验室纪律　在实验过程中不得大声喧哗，不得擅自离开实验室。损坏玻璃仪器应如实填写破损单。温度计破损后，首先应将洒落的水银全部收到专门的回收容器中，再在原处撒上硫黄粉覆盖，最后将覆盖过水银的硫黄粉统一回收处理。实验中出现意外及时请示老师，学生不得私自重做实验。

（8）保持实验室清洁　实验中要保持实验室的环境卫生，公用仪器用完后放回原处。取完药品及时将容器的盖子盖好，液体药品在通风橱中量取，固体药品在称量台上称取。

（9）废物处理　废液应倒入专用的回收容器内（易燃液体除外），固体废物（如火柴棍、沸石、棉花等）应倒在垃圾桶内，不要倒在水池中，以免堵塞水池。

（10）实验结束后　拔掉电源插头，关好水龙头。将个人实验台面打扫干净，玻璃仪器洗净放入仪器筐中再放入柜里锁好，请指导老师检查。值日生做完值日后，请指导老师检查合格后方可离开实验室。离开实验室前应检查水、电是否关闭。

1.2　实验室安全知识

在有机化学实验中，经常要使用：易燃溶剂，如乙醚、乙醇、丙酮和甲苯等；易燃易爆的气体和药品，如氢气、乙炔和金属有机试剂等；有毒药品，如氰化钠、硝基苯、甲醇和部分有机磷化合物等；有腐蚀性的药品，如浓硫酸、浓硝酸、浓盐酸、烧碱及溴等。这些药品若使用不当，就有可能产生着火、爆炸、烧伤或中毒等事故。此外，玻璃器皿、电器设备的使用或处理不当，也会产生事故。认真预习和了解所做实验中用到的物品和仪器的性能、用途、可能出现的问题及预防措施，并严格执行操作规程，就能有效地维护人身安全和实验室安全，确保实验的顺利进行。因而，为防止化学实验室出现事故，需要学生们牢记两个要求：掌握安全知识和养成安全习惯。

1.2.1 事故的预防和处理

1.2.1.1 火灾的预防和处理

着火是有机实验中常见的事故之一，预防着火要注意以下几点：

(1) 防火的基本原则是使火源与溶剂尽可能远离，避免使用明火直接加热。盛有易燃有机溶剂的容器不得靠近火源。大量易燃有机溶剂应放在危险药品橱内。

(2) 尽量防止或减少易燃气体的外逸，并确保室内通风，及时排除室内的有机物蒸气。

(3) 禁止用烧杯或敞口容器盛装易燃物，加热时要根据实验要求及易燃物的特点选择热源，注意远离明火。

(4) 回流或蒸馏液体时应放沸石，以防溶液因过热暴沸而冲出。若在加热后发现未放沸石，则应停止加热，待充分冷却后再放，否则在过热液体中放入沸石会导致液体突然沸腾，冲出瓶外而引起火灾。蒸馏易燃溶剂（特别是低沸点易燃溶剂）的装置，要确保装置不漏气，接引管支管应与橡胶管相连，使废气口通往水槽。

(5) 易燃及易挥发物，不得倒入废物桶内。量较大时要倒入指定容器进行回收处理，量少的可倒入水槽用水冲走（与水有剧烈反应者除外，金属钠的残液要用乙醇淬灭）。

一旦发生了着火事故，应沉着镇静，切勿惊慌失措，及时采取措施，控制事故扩大。首先，立即关闭附近所有火源，切断电源，移去未着火的易燃物，然后根据易燃物的性质及火势的大小设法扑灭。

地面或桌面着火，如火势不大，可用淋湿的抹布灭掉；反应瓶内有机物着火，可用石棉板或抹布盖住瓶口，即可熄灭；衣服着火时，切勿在实验室乱跑，用抹布等将着火部位包起来，或打开就近的自来水开关用水冲淋熄灭，较严重时应就地卧倒，以免火焰烧向头部，用防火毯等把着火部位包起来，或在地上滚动以熄灭火焰。

火势较大时，应视情况采用下列灭火器材：

(1) 二氧化碳灭火器　有机实验室中最常用的一种灭火器，它的钢筒内装有压缩的液态二氧化碳，使用时打开开关，二氧化碳气体即会喷出，用以扑灭有机物及电器设备的失火。使用时应注意，一手提灭火器，一手应握在喷二氧化碳喇叭筒的把手上。因喷出的二氧化碳压力骤然降低，温度也骤降，手若握在喇叭筒上易被冻伤。

(2) 四氯化碳灭火器　用以扑灭电器内或电器附近之火，但不能在狭小和通风不良的实验室中应用，因为四氯化碳在高温时要生成剧毒的光气。此外，四氯化碳和金属钠接触也会发生爆炸。使用时只需连续抽动唧筒，四氯化碳即会由喷嘴喷出。

(3) 泡沫灭火器　内部分别装有含发泡剂的碳酸氢钠溶液和硫酸铝溶液，使用时将筒身颠倒，两种溶液即反应生成硫酸氢钠、氢氧化铝及大量二氧化碳，灭火器筒内压力突然增大，大量二氧化碳泡沫喷出。非大火通常不用泡沫灭火器，因后处理较麻烦。

(4) 干沙、灭火毯和石棉布　是实验室常用的灭火器材。

实验室常用的灭火器及其适用范围见表 1-1。

表 1-1　实验室常用的灭火器及其适用范围

灭火器类型	药液成分	适用范围
泡沫灭火器	$Al_2(SO_4)_3$ 和 $NaHCO_3$	适用于油类起火
二氧化碳灭火器	液态 CO_2	适用于扑灭电器设备、小范围油类及忌水的化学物品的失火
四氯化碳灭火器	液态 CCl_4	适用于扑灭电器设备、小范围的汽油、丙酮等的失火
干粉灭火器	主要成分是碳酸氢钠等盐类物质与适量的润滑剂和防潮剂	扑救油类、可燃性气体、电器设备、精密仪器、图书文件和遇水易燃物品的初起火灾
1211 灭火剂	CF_2ClBr 液化气体	特别适用于扑灭油类、有机溶剂、精密仪器、高压电气设备的失火

1.2.1.2　爆炸的预防

实验时，仪器装配不当造成堵塞，减压蒸馏使用不耐压的仪器，违规处理或使用易爆物（如过氧化物、多硝基化合物、叠氮化物及硝酸酯等），反应过于猛烈难以控制等因素，都可能引起爆炸。预防爆炸应注意以下几点：

(1) 常压操作时，切勿在封闭系统内进行加热或反应，操作进行时，必须经常检查仪器装置各部分有无堵塞现象；需用密闭装置蒸馏、回流时，可在与空气相接处加一气球，既可使系统与空气隔绝，又可在体系压力过大时，使气球膨胀或破裂，而不致发生意外事故。

(2) 减压蒸馏时，不得使用机械强度较低的仪器（如锥形瓶、平底烧瓶、薄壁试管等）。必要时，要佩戴防护面罩或防护眼镜，确保人身安全。

(3) 加压操作时（如高压釜、封管等），要采取相应的防护措施，并应经常注意釜内压力有无超过安全负荷，选用封管的玻璃厚度是否适当、管壁是否均匀。

(4) 使用易燃、易爆气体（如氢气、乙炔等）时要保持室内空气畅通，严禁明火，并防止一切火花产生，如由于敲击、鞋钉摩擦、静电摩擦、电动机炭刷或电器开关等所产生的火花。使用遇水易燃易爆的物质（如钠、钾等）应特别小心，严格按照操作规程操作。苦味酸和某些过氧化物（如过氧化苯甲酰）必须加水保存。

(5) 反应过于猛烈，要根据情况采取冷却或控制加料速度等措施。

常见的易燃气体爆炸极限见表 1-2。

表 1-2 常见的易燃气体爆炸极限

气体		空气中的含量(体积分数/%)
氢气	H_2	4～74
一氧化碳	CO	12.50～74.20
氨	NH_3	15～27
甲烷	CH_4	4.5～13.1
乙炔	CH≡CH	2.5～80

1.2.1.3 中毒的预防和处理

化学药品通常具有一定的毒性，尤其是在有机化学实验室中，各种挥发性强的有机试剂和无机试剂使实验具有较高的危险性。如果操作不当或缺少必要的防护措施，就可能导致中毒。中毒症状通常分为急性和慢性中毒两种，急性中毒是指一次性接触中突然引起的伤害（如 HCN）；慢性中毒是指在反复的接触中出现明显的中毒症状，通常有一个潜伏期。其实二者之间并没有严格的界限，大多数化合物根据摄入的剂量可显示出急性或慢性中毒症状。

毒性物质根据其产生的危害可分为致癌物质及诱发性化合物等。中毒的途径主要是化学物质通过呼吸道和皮肤接触进入人的肺部和血液中。由于大多数有机溶剂在室温下具有蒸气压，在实验室吸入化学试剂是很难避免的，当空气中试剂的含量超过安全标准时就可能引起中毒。

挥发性有机物的毒性通常用 PEI（允许接触限度）来表示，即按照体积允许的空气中化学试剂平均浓度的最大值。非毒性有机物如乙醇、丙酮、乙酸乙酯的 PEI 值为 400×10^{-6}～1000×10^{-6}，而苯和氯仿的 PEI 值则为 1×10^{-6}～2×10^{-6}。

需要特别提醒的是，以往经常作为溶剂使用的苯是一种重要的高毒性化合物，长时间接触可引起血小板减少甚至诱发白血病，目前已很少使用，代之以毒性较小的甲苯。如必须使用苯时，需戴上橡胶手套在通风橱内小心操作。

检验和评价化学毒性的一种近似方法是动物试验。LD_{50}（半数致死量）是指一次摄入或注射引起被试验动物（如小白鼠）50%死亡的量。LD_{50} 通常以 mg/kg 或 g/kg 来表示，当然数值的大小与被试验的动物及试验条件有关。LC_{50}（致死中浓度）则用于测定空气和水的污染，指引起被试验动物 50%死亡的空气或水中化学试剂的浓度，通常用 mg/g、mg/m^3 或 $\mu g/g$ 表示。要确定化学试剂对人类潜在的危害大小，LD_{50} 与 LC_{50} 只能提供一种参考，有些对动物相对安全的试剂对人类却可能显示毒性。更有意义的研究是化学试剂的摄入对人体组织的影响，这方面的工作正在逐步和广泛地展开。

有效防止中毒最重要的一点是必须了解使用的化合物的性质。通过国际职业安全与健康组织（OSHA）的倡导，“材料安全数据表”（MSDS）已问世多年并不断补充，该表提供了关于物质的物性、活性、着火、爆炸危险、毒性、对健康的危害和废水处理程序的最新信息，对不了解的药品，MSDS 无疑是最好的向导。

学生在进行实验前，应切实做到以下几点：

(1) 药品不要沾在皮肤上，尤其是极毒的药品。实验完毕后应立即洗手。称量任何药品都应使用工具，不得用手直接接触。一旦药品沾或溅到手上，通常用水洗去，用有机溶剂清洗是一种错误做法，会使药品渗入皮肤至引起皮炎。

(2) 使用和处理有毒或腐蚀性物质时，应在通风橱中进行，并戴上防护用品，尽可能避免有机物蒸气扩散到实验室内。

(3) 对沾染过有毒物质的仪器和用具，实验完毕应立即采取适当方法处理以破坏或消除其毒性。

(4) 严防水银等有毒物质流失而污染实验室。温度计破损后水银撒落，应及时向教师报告，用硫黄或三氯化铁溶液清除。水银压力计应妥善保存。

实验时若有中毒症状，应到空气新鲜的地方休息，最好平卧，出现其他较严重的症状，如斑点、头昏、呕吐、瞳孔放大时应及时送往医院。

1.2.1.4 灼伤的预防和处理

皮肤接触高温物质（如火焰、蒸气等）、低温物质（如固体二氧化碳、液体氮）和腐蚀性物质（如强酸、强碱、溴等）都会造成灼伤。因此，实验时，要避免皮肤与上述能引起灼伤的物质接触。取用有腐蚀性的化学药品时，应戴上橡胶手套和防护眼镜。

实验中发生灼伤，要根据不同的灼伤情况分别采取不同的处理方法。

被酸或碱灼伤时，应立即用大量水冲洗。酸灼伤用1%碳酸氢钠溶液冲洗；碱灼伤则用1%硼酸溶液冲洗。最后再用水冲洗。严重者要对灼伤面消毒，并涂上软膏，送医院就治。

被溴灼伤时，应立即用2%硫代硫酸钠溶液洗至伤处呈白色，然后用甘油加以按摩。

如被灼热的玻璃烫伤，应在患处涂以红花油，然后抹一些烫伤软膏。

任何药品溅入眼内，都要立即用大量水冲洗。冲洗后，如果眼睛仍未恢复正常，应立即送医院救治。

化学危险品的标识见图1-1。

1.2.1.5 割伤的预防和处理

割伤是实验室最常见的事故之一。造成割伤的原因一般有下列几种：装配仪器时用力过猛或装配不当；装配仪器时着力处远离连接部位；仪器口径不合而勉强连接；玻璃折断面未烧圆滑、有棱角等。防止割伤应注意以下几点：

(1) 使用玻璃仪器时，最基本的原则是不能对仪器的任何部分施加过度的压力。

(2) 需要用玻璃管和塞子连接装置时，用力处不要离塞子太远，正确操作如图1-2中(1)和(3)所示，图中(2)和(4)的操作是不正确的。尤其是插入温度计时，需特别小心。

图 1-1　化学危险品的标识

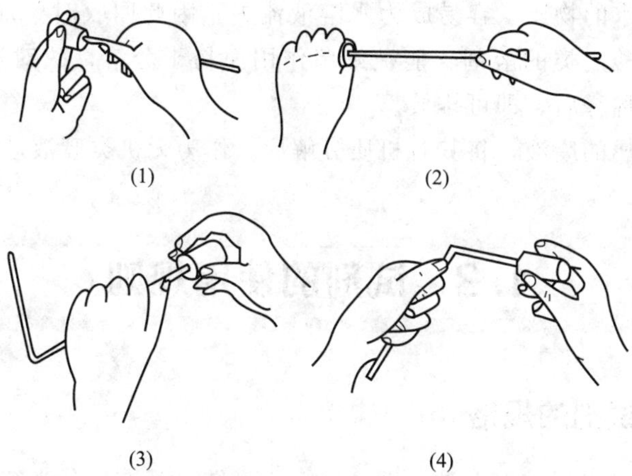

图 1-2　玻璃管与塞子连接时的操作方法

（3）新割断的玻璃管断口处特别锋利，使用时，要将断口处用火烧至熔化，使其成圆滑状。

（4）注意仪器的配套。如不慎发生割伤事故，先将伤口处的玻璃碎片取出，用蒸馏水洗净伤口，涂上红药水，用创可贴或纱布包扎好。伤口较大或割破动脉时，则应用力按住伤口，防止大出血，及时送医院救治。

1.2.2　水电安全知识

学生进入实验室后，应首先了解灭火器、水电开关及总闸的位置在何处，而且要掌握它们的使用方法。电器设备不运转或有异味，有漏电，甚至电击现象，均应停止操作，报告老师，请专人检修。不可使电器设备“带病操作”，导致发生事故。

使用电器时，绝不能用湿手或手握湿物去插（或拔）插头。使用电器前，应检查线路连接是否正确，电器内外要保持干燥，不能有水或其他溶剂。实验结束后，应关掉电源，再拔插头，最后关冷凝水。

值日生在做完值日后，要关掉所有的水闸及总电闸。

1.2.3 实验室常用急救药品

（1）药品　医用酒精、红药水、止血粉、创可贴、龙胆紫、凡士林、玉树油或鞣酸油膏、烫伤膏、硼酸溶液（1%）、碳酸氢钠溶液（1%）、硫代硫酸钠溶液（2%）等。

（2）急救工具　医用镊子、剪刀、纱布、药棉、绷带等。

1.2.4 废物的处理

（1）尽量回收溶剂，在对实验没有妨碍的情况下，溶剂可反复使用。

（2）为了方便处理，其收集分类方式往往为：①可燃性物质；②难燃性物质；③含水废液；④固体物质等。

（3）可溶于水的物质，容易成为水溶液流失，因此回收时要加以注意。但是，甲醇、乙醇及乙酸之类的溶剂，能被细菌作用而易于分解，故对这类溶剂的稀溶液，经用大量水稀释后，即可排放。

（4）含重金属的废液，将其有机质分解后，作为无机类废液进行处理。

1.3 试剂的使用规则

1.3.1 化学试剂的规格

化学试剂的等级标准有七种，即高纯、光谱纯、基准、分光纯、优级纯、分析纯和化学纯，而国家和主管部门颁布具体标准要求的只有后三种。

（1）优级纯，即一级品，适用于精密分析和科学研究工作。

（2）分析纯，即二级品，纯度较一级略低，适用于重要分析工作。

（3）化学纯，即三级品，纯度与二级品相差较大，适用于工矿、学校的一般分析工作。

因为不同等级的试剂标签的颜色不同（表 1-3），所以根据标签的颜色就可以判断试剂的级别。

表 1-3　化学试剂等级标志

试剂种类	一级品 优级纯(GR)	二级品 分析纯(AR)	三级品 化学纯(CP)	实验试剂(LR)	生物试剂(BR)
标签颜色	绿色	红色	蓝色	棕色或其他	黄色或其他
适用范围	纯度很高，适用于精密分析和科学研究工作	纯度仅次于一级品，适用于分析和科学研究工作	纯度较二级品差，适用于一般分析工作	纯度较低，宜用作实验辅助试剂	

1.3.2 试剂的取用

（1）固体试剂的取用　通常用干净的试剂勺取用固体试剂，每种试剂专用一个试剂勺，否则，用过的试剂勺须洗净擦干后才能再用，以免沾污其他试剂。常用的试剂勺有塑料勺、牛角勺和钢勺。试剂要按需用量取用，试剂一旦取出，不能再放回原瓶，以免污染瓶中试剂，剩余的试剂可放入指定的容器内。试剂取出后，要将瓶塞盖严（注意：不要盖错盖子），并将试剂瓶放回原处。将试剂倒入容器时，若是块状试剂，应将容器倾斜，让块体沿容器器壁缓慢滑到其底部，以免击碎容器；若是粉状试剂，可用试剂勺直接将粉状试剂送入容器底部，勿让粉末沾在容器壁上。若容器是管状容器或烧瓶，可借助一张对折的纸条，将粉状试剂送入容器底部。

称取一定质量的固体试剂时，可将固体试剂放在纸上或表面皿上，在台式天平上称取。具有腐蚀性或易潮解的固体试剂不能放在纸上，而应放在玻璃容器内进行称取。

准确称取一定量的固体试剂时，可将固体试剂放在称量瓶中用差减法在分析天平或电子天平上称取。

（2）液体试剂的取用　液体试剂一般用滴管吸取或用量筒、移液管（吸量管）量取。其操作方法如下。

① 用滴管吸取　从滴瓶中吸取液体试剂时，必须用滴瓶配带的滴管，勿用别的滴管。

先用手指捏紧滴管上部的胶帽，排出其中的空气，然后将滴管插入试液中，放松手指即可吸取试液。移液时，不要让滴管接触容器的器壁，更不应将滴管伸入其他液体试剂中，以免沾污滴管和污染整瓶试剂。滴管的管口不能向上倾斜，以免液体试剂回流到胶帽中，腐蚀胶帽，污染试剂。

② 用量筒量取　量筒用于量取一定体积的液体，可根据需要选用不同容量的量筒。取液时，先取下试剂瓶塞并把它倒置在桌面上，一手拿量筒，一手拿试剂瓶（试剂瓶上的标签朝向手心），然后倒出所需量的试剂，并将瓶口在量筒口上靠一下（以免留在瓶口的液滴流到瓶的外壁，倒出的试剂绝对不允许再倒回试剂瓶），最后把试剂瓶竖直后放在桌面上，盖上瓶塞。读取量筒内液体的体积时，应使视线与量筒内液体的凹液面相切，视线偏高或偏低都会因读数不准而造成较大的误差。在某些实验中，无需准确量取试剂，所以不必每次都用量筒，只要估计取用的液体的量即可。因此，学生需要反复练习估计液体体积的技巧，直到熟练掌握为止。

③ 用移液管量取　要求准确地移取一定体积的液体时，可用各种不同容量的移液管。移液管的使用方法可参见分析化学实验教材，此处不再赘述。

1.4 有机化学实验常用仪器和设备

1.4.1 常用玻璃仪器和实验装置

1.4.1.1 常用玻璃仪器

玻璃仪器分为普通和标准磨口两种。常用的标准磨口仪器见图 1-3，常用非标准口仪器见图 1-4。

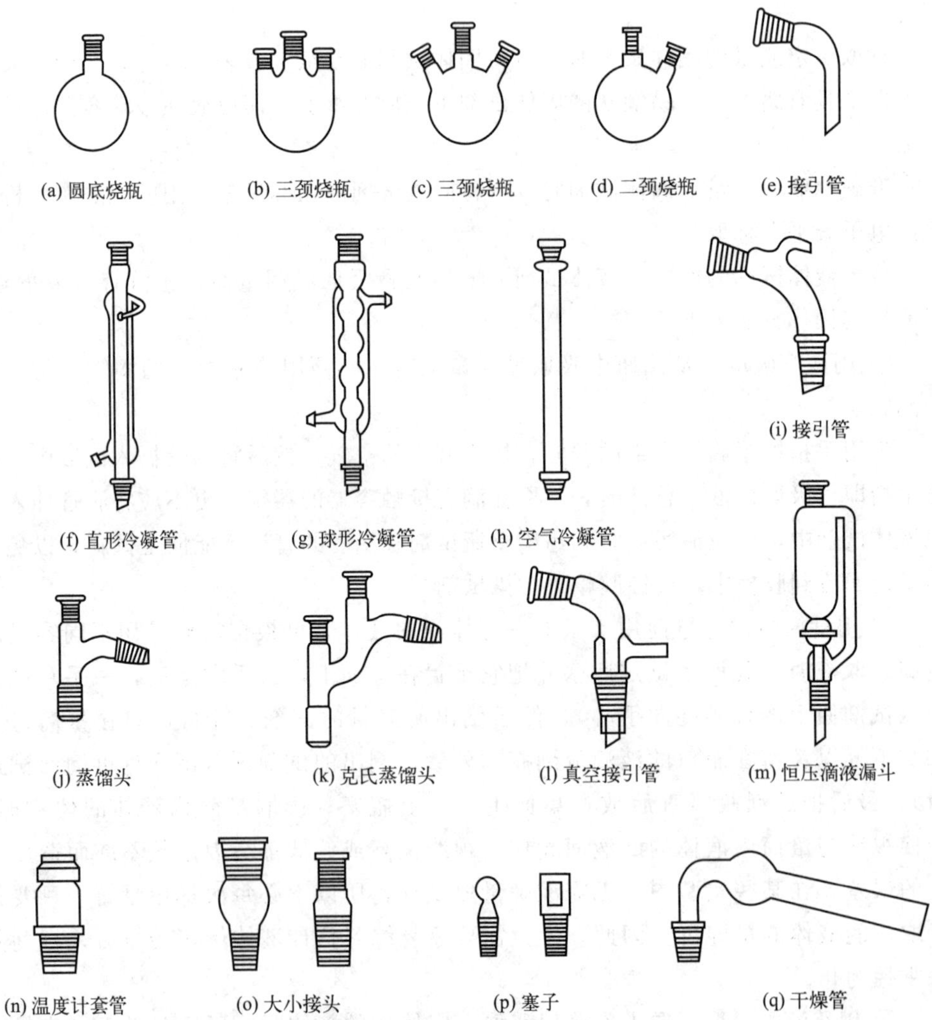

图 1-3　常用的标准磨口仪器

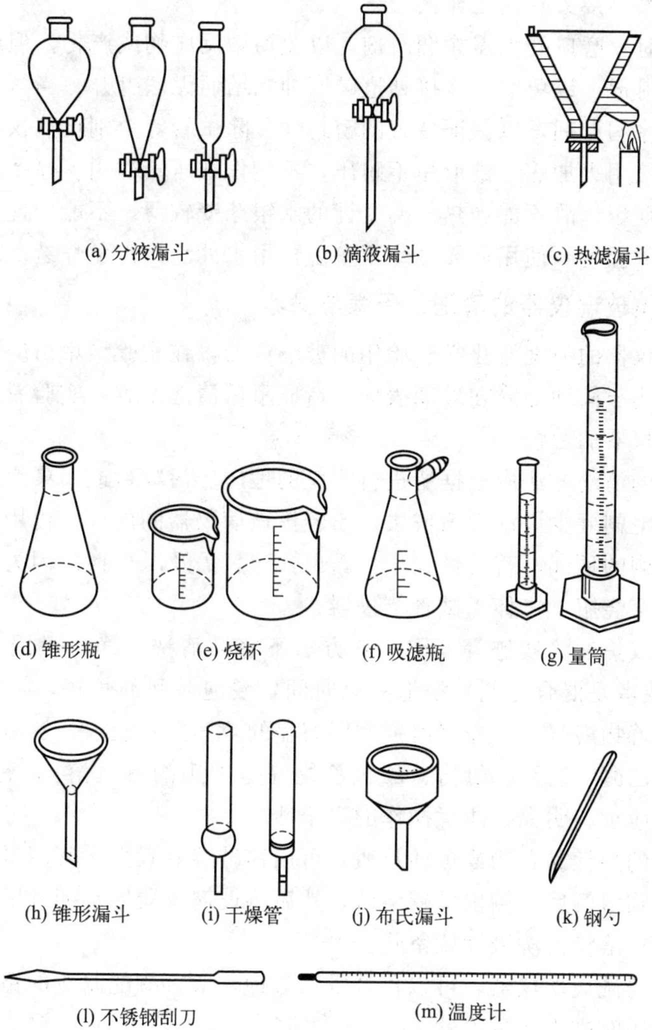

(a) 分液漏斗 (b) 滴液漏斗 (c) 热滤漏斗

(d) 锥形瓶 (e) 烧杯 (f) 吸滤瓶 (g) 量筒

(h) 锥形漏斗 (i) 干燥管 (j) 布氏漏斗 (k) 钢勺

(l) 不锈钢刮刀 (m) 温度计

图 1-4 常用非标准口仪器

有机实验中通常使用标准口玻璃仪器，也称磨口仪器。它与相应的普通玻璃仪器的区别在于各接头处加工成通用的磨口，即标准磨口。内外磨口之间能互相紧密连接，因而不需要软木塞或橡胶塞。这不仅可节约配塞子和钻孔的时间，避免反应物或产物被塞子所沾污，而且装配容易，拆洗方便，并可用于减压等操作，使工作效率大大提高。标准磨口玻璃仪器口径的大小，通常用数字编号来表示，该数字是指磨口最大端直径的毫米数（取整）。常用的有 10、14、19、24、29、34、40、50 等。有时也用两组数字来表示，另一组数字表示磨口的长度，例如 14/30，表示此磨口直径最大处为 14mm，磨口长度为 30mm。相同编号的磨口、磨塞可以紧密连接。有时两个玻璃仪器，因磨口编号不同无法直接连接时，则可借助不同编号的磨口接头（或称大小接头）使之连接。

一般使用时，磨口处无需涂润滑剂，以免污染反应物或产物，但反应中有强碱时，则要涂润滑剂，以免磨口连接处遭碱腐蚀黏结而无法打开。当减压蒸馏时，应在磨口连接处涂润滑剂，以保证装置的密封性。除试管等个别玻璃仪器外，一般玻璃仪器不能直接用火加热。锥形瓶不耐压，不能作减压蒸馏用。厚壁玻璃器皿（如吸滤瓶）容易炸裂，故不能加热。温度计的水银球壁较薄，不能作搅拌棒用，且不能测定超范围的温度，使用后要冷却至室温再用水冲洗，以免炸裂。

1.4.1.2 玻璃仪器的清洗、干燥与保养

（1）玻璃仪器的清洗　化学实验用的玻璃仪器，在实验结束后应立即清洗。久置不洗会使污物牢固地黏附在玻璃表面，造成事后清洗困难。实验者应养成及时清洗、干燥玻璃仪器的习惯。

玻璃仪器的清洗方法应根据所进行实验的性质、污物量或污染程度而定。最常用的方法是用毛刷蘸少许洗衣粉或去污粉轻擦玻璃仪器的内外，再用水淋洗干净即可。要注意毛刷的顶部，若已经秃了，露出铁丝，需及时更换。因为用秃毛刷清洗仪器，容易戳穿烧瓶、烧杯、试管等仪器。

对于黏性或焦油状残迹等，用一般方法不容易清洗干净，可用少量有机溶剂（可以是单一或者是混合溶剂）浸泡一段时间，浸泡时间的长短，视黏着物溶解情况而定。待黏着物溶解后，先将溶剂倒回有盖的溶剂回收瓶内，然后再用清水冲洗干净。丙酮、乙醚、乙醇、氯仿、二氯乙烷等是常用的有机溶剂。其中前三种易燃，在使用时应远离明火，注意操作的安全性。

对于难洗的酸性黏着物或焦性物质，可用稀碱溶液煮洗，其用量以浸没黏着物为宜。待黏着物溶解后，倒出稀碱溶液，然后将玻璃仪器用水冲洗干净。以同样方法，可用稀硫酸溶液清洗碱性残留物。

用洗涤剂清洗玻璃仪器，可以代替重铬酸钾和浓硫酸配制成的铬酸洗液，避免其在配制与使用时带来的危险性。

（2）玻璃仪器的干燥　在玻璃仪器经过认真清洗后，都要进行干燥处理，使待用的玻璃仪器时时处于干燥、清洁的状态。这是因为许多有机反应都要求在无水条件下进行，若从反应容器或其他器具中混入水分，将导致实验失败。实验室中玻璃仪器的干燥除水常用以下方法：

① 自然干燥　将经过清洗后的玻璃仪器倒置，或者倒插在玻璃仪器架上，让其自然干燥，可供下次实验时用。但某些特殊的有机反应（如格氏试剂的制备）必须是绝对无水的，所以必须进行后续烘干处理。

② 烘箱干燥　用电烘箱（或鼓风电烘箱）进行干燥是经常采用的一种干燥方法。将经过自然干燥的玻璃仪器，或经过清洗后的玻璃仪器倒置流去表面水珠后，再送入烘箱干燥。注意，不能将有刻度的容量仪器如量筒、量杯、容量瓶、移液管、滴定管放入烘箱内烘干，也不能将吸滤瓶等厚壁器皿进行烘干。有磨口的玻璃

仪器如滴液漏斗、分液漏斗等，应将磨口塞、活塞取下，将其油脂擦去并经洗净后再烘干，因漏斗的活塞不能互换，故烘干时不要配错。

在从电烘箱中取出玻璃仪器时，应待烘箱温度自然下降后取出。如因急用，需在烘箱温度较高时取出玻璃仪器，应先将玻璃仪器在石棉网上放置，使其慢慢冷却至室温后方可使用。不要将温度较高的玻璃仪器与铁质器皿等冷物体直接接触，以免损坏玻璃器皿。

③ 热气流干燥　将自然干燥处理过的玻璃仪器，插入热气流干燥器的各支金属管上，经过热空气加热后，可快速干燥。

用电吹风机的热空气可对小件急用玻璃仪器进行快速吹干。

(3) 磨口玻璃仪器的保养　保养磨口玻璃仪器使之随时处于待用的状态，并能延长其使用寿命。经过清洗干燥后的各磨口连接部位，应垫衬一纸片，以防长时间放置后，磨口粘连不能启开。在清洗、干燥或保存时，不要使磨口碰撞而受损伤，影响磨口部分的密闭性。

磨口玻璃仪器使用不当，会使磨口连接部位或磨口塞粘连在一起，影响实验进程，甚至会使仪器报废。例如，用磨口锥形瓶久贮氢氧化钠溶液而不经常启用，会使磨口部位粘连，瓶塞不能启开。在使用标准磨口玻璃仪器组装的反应装置进行实验时，实验完成后，若不及时拆卸仪器进行清洗，则容易发生磨口部件之间的粘连。

对于磨口塞不能启开或磨口部件发生粘连而不能拆卸时，可尝试用下述方法处理修复：

① 用小木块轻轻敲打磨口连接部位使之松动而启开。

② 用小火焰均匀地烘烤磨口部位，使磨口连接处的外部受热膨胀而松动。

③ 将磨口玻璃仪器放入沸水中煮沸，而使磨口连接部位松动。但此法不适宜用于密闭的带有磨口连接的容器，以免容器内气体受热膨胀，使玻璃炸裂而伤人。

④ 用下列浸渗液体进行浸渗：

a. 有机溶剂，如苯、乙酸乙酯、石油醚、煤油等。

b. 水或稀盐酸溶液。用浸渗的方法有时在几分钟内即可将粘连的磨口启开，但有时需要几天才能见效。

c. 将磨口竖立，向磨口缝隙间滴几滴甘油，若甘油能慢慢地渗入磨口，最终能使磨口松开。

d. 有的粘连的磨口塞子，单靠用力旋转就可打开，但因手滑，使不上劲而不能成功。这时可将玻璃塞的上端用软布包裹或衬垫上橡皮膏，小心地用台钳夹住，再用不太大的力量扭转瓶体，就能打开。

处理粘连的磨口塞，应在有经验的老师指导下进行，在上述各项瓶塞开启的操作中，应当用布包裹着玻璃仪器，注意安全，防止事故的发生。

1.4.1.3 有机实验常用装置

在有机化学实验中，经常要使用一些玻璃仪器并用其组装实验装置（图 1-5～

图 1-10）。熟悉所用仪器和装置的性能，掌握各种仪器和装置正确的使用方法，这对实验者来说是最基本的要求。仪器装配原则如下：

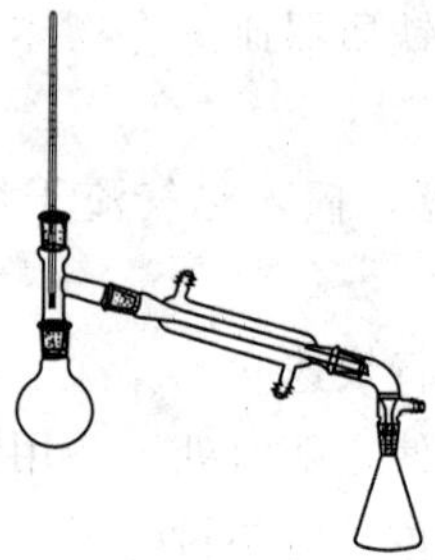

图 1-5　简单蒸馏

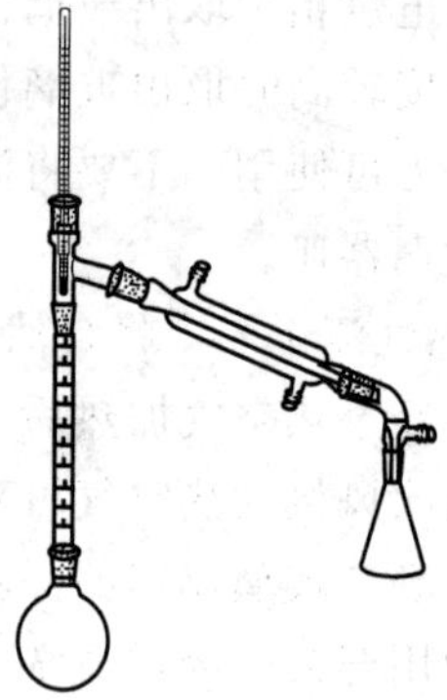

图 1-6　分馏

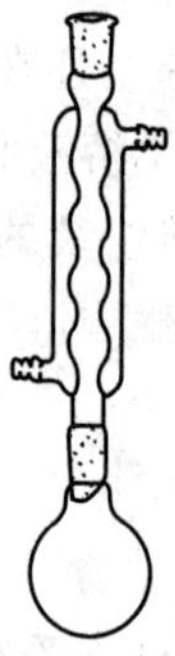

图 1-7　回流

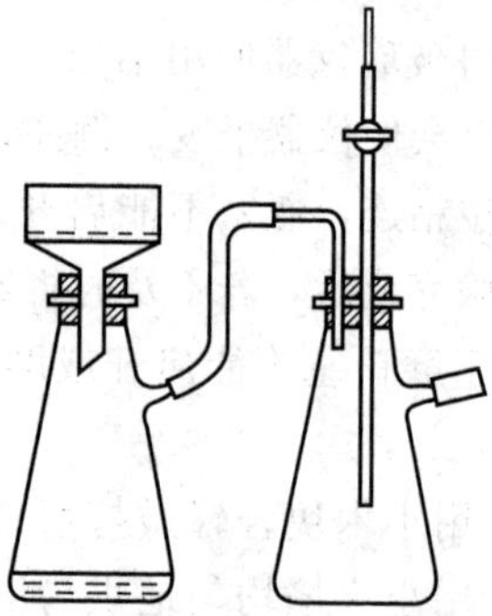

图 1-8　减压过滤

图 1-9　索氏提取

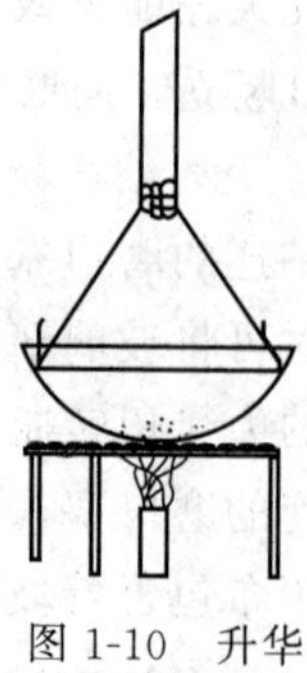

图 1-10　升华

（1）所有仪器应尽可能固定在同一铁架台上。铁架应正对实验台的外面，不要倾斜。否则重心不一致，容易造成装置不稳而倾倒。

(2) 反应器的选择根据液体的体积而定，一般液体的体积应占容器体积的 1/3～1/2。进行水蒸气蒸馏或减压蒸馏时，液体体积不应超过容器体积的 1/3。温度计根据所测温度而选择，一般选用的温度计要高于被测温度 10～20℃。

(3) 夹持玻璃仪器所用铁夹的双钳应包有橡胶、绒布等衬垫，以免铁夹直接接触玻璃引起仪器的损坏。夹持时要不松不紧，既保证磨口连接处严密不漏，又尽量使各处不产生应力。

(4) 安装仪器时，应首先确定烧瓶的位置，其高度以热源的高度为基准。从下到上、由左至右、先主件后次件，将仪器逐个固定组装。铁架、铁夹、烧瓶夹都要在玻璃仪器的后面。整套装置不论从正面还是从侧面看，各仪器的中心线都在同一直线上。

(5) 仪器装置的拆卸次序则和组装的顺序相反。拆卸前，应先停止加热，移走热源，待稍冷却后，取下产物，然后再按从右到左、先上后下逐个拆掉。注意：在松开铁夹时，必须用手托住所夹的仪器，拆冷凝管时不要将水洒在电热套上。

1.4.2 常用电器设备

实验室有很多电器设备，使用时应注意安全，并保持这些设备的清洁，千万不要将药品洒到设备上。

(1) 烘箱　实验室一般使用的是恒温鼓风干燥箱（使用温度为 50～300℃），主要用于干燥玻璃仪器或无腐蚀性、热稳定好的药品。挥发性的易燃物或以酒精、丙酮淋洗过的玻璃仪器不能放入烘箱内，以免爆炸。

干燥玻璃仪器时应在其无水滴时才放入烘箱，升温加热，将温度控制在 100～120℃。实验室中的烘箱是公用仪器，往烘箱里放玻璃仪器时应自上而下依次放入，以免残留的水滴流下使已烘热的玻璃仪器炸裂。取出烘干后的仪器时，应戴手套，以免烫伤。仪器取出后不能碰冷的物体，如水、金属用具等，以防炸裂。

(2) 气流烘干器　气流烘干器是借助热空气将玻璃仪器烘干的一种设备，如图 1-11 所示。使用时，将仪器洗干净后，甩尽多余的水分，然后将仪器套在烘干器的多孔金属管上，使其干燥。设备上有自动恒温装置，可按需要选用不同温度。但高温部分只限急需时使用，连续使用不要超过 1h，以免烧坏电机和电热丝。

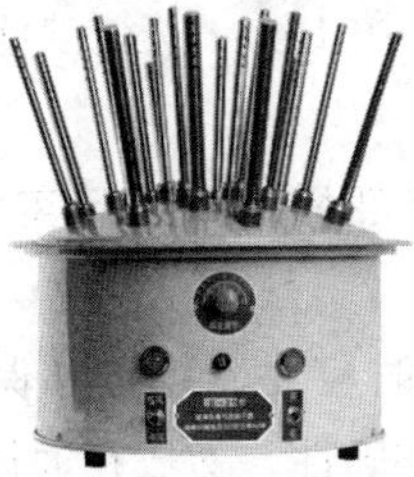

图 1-11　气流烘干器

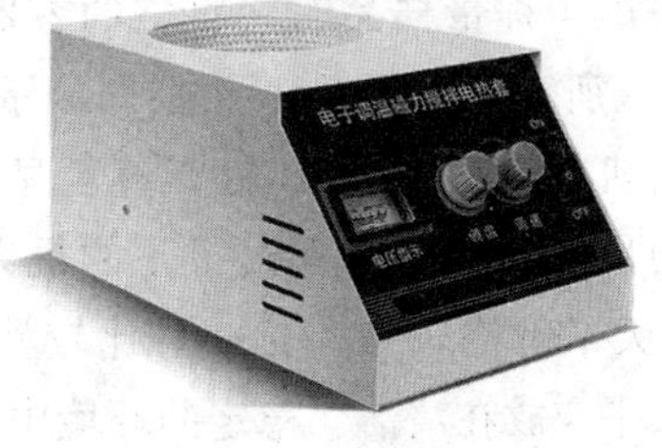

图 1-12　电热套

（3）电热套　电热套是用玻璃纤维丝与电热丝编织成半圆形的内套，加上金属外壳，中间填上保温材料的加热设备，如图 1-12 所示。此设备具有使用方便、容易控制温度、加热均匀和加热效率较高、不易使有机溶剂着火等优点，是一种比较理想的加热设备。电热套有 50～3000mL 的各种不同规格，可根据不同需要选用。使用时应注意，不要将药品洒在电热套中，以免加热时药品挥发污染环境，同时避免电热丝被腐蚀而断开。用完后将其放在干燥处，否则内部吸潮后会降低绝缘性能。

（4）调压变压器　调压变压器分为两类，一类可与电热套相连用来调节电热套温度，另一类可与电动搅拌器相连用来调节搅拌器速度。也可以将两种功能集中在一台仪器上，这样使用起来更为方便。但是两种仪器由于内部结构不同不能相互串用，否则会将仪器烧毁。使用时应注意以下几点：

① 先将调压器调至零点，再接通电源。

② 使用调压器时，应注意安全，要接好地线，以防外壳带电，注意不要接错输出端与输入端。

③ 使用时，先接通电源，再调节旋钮到所需要的位置（根据加热温度或搅拌速度来调节）。调节变换时，应缓慢进行。无论使用哪种调压变压器都不能超负荷运行，最大使用量为满负荷的 2/3。

④ 用完后将旋钮调至零点，关上开关，拔掉电源插头，放在干燥通风处，应保持调压变压器的清洁，以防腐蚀。

（5）电子天平　电子天平是实验室常用的称量设备，尤其在微量、半微量实验中经常使用。

Scout 电子天平是一种比较精密的称量仪器，其设计精良，可靠耐用（图 1-13）。它采用前面板控制，具有简单易懂的菜单，可自动关机。电源可以采用 9V 电池或随机提供的交流适配器。使用方法如下：

① 开机　按 Rezero on 键，依次显示本机软件版本号和“0.0000g”。热机时间为 5min。

② 称量　天平可选用的称量单位有：克（g）、盎司（oz）、英两（ozt）、英担（dwt）。重复按 Mode off 键选定所需要的单位，然后按 Rezero on 键，调至零点。往称量盘上添加样品，即可从显示屏上读出其质量。

③ 去皮　称量样品时，将空的容器放在称量盘上，按 Rezero on 键使显示屏置零后，加入所称量的样品，天平即显示出样品的净质量。

④ 关机　按 Mode off 键，直至显示屏显示“off”，然后松开此键实现关机。

⑤ 使用时，请不要超过天平的最大量程。

电子天平价格较贵，是一种比较精密的仪器，使用时应注意维护和保养。

① 天平应放在清洁、稳定的环境中，以保证称量的准确性。勿放在通风、有磁场或产生磁场的设备附近，勿在温度变化大、有震动或存在腐蚀性气体的环境中使用。

② 请保持机壳和称量台的清洁，以保证天平的准确性。清洁时可采用蘸有柔性洗涤剂的湿布擦洗天平。

③ 将校准砝码存放在安全干燥的场所，不使用时拔掉交流适配器，长时间不用时应取出电池。

图 1-13　电子天平

（6）循环水多用真空泵　循环水多用真空泵（图 1-14）是以循环水作为流体，利用射流产生负压的原理而设计的一种新型多用真空泵，广泛用于蒸发、蒸馏、结晶、过滤、减压和升华等操作中。由于水可以循环使用，避免了直排水的现象，节水效果明显，是实验室理想的减压设备，一般用于对真空度要求不高的减压体系中。

图 1-14　循环水多用真空泵

使用时应注意：

① 真空泵抽气口最好接一个缓冲瓶，以免停泵时水被倒吸入反应瓶，致使反应失败。

② 开泵前，应先检查是否与体系接好，再打开缓冲瓶上的放空阀。开泵后，调节放空阀至所需的真空度。关泵时，先打开缓冲瓶上的放空阀，再拆掉与体系的接口，最后关泵。切忌相反顺序的操作。

③ 应经常补充和更换真空泵中的水，以保持其清洁和保证达到一定的真空度。

1.5　有机化学实验的预习、记录和实验报告

1.5.1　实验预习

有机化学实验通常包含一系列的实验操作，并存在一定的危险性。因此，在进行有机化学实验之前，学生必须对实验的内容进行认真的预习，预判实验中可能出现的问题和危险，这对顺利地完成实验至关重要。在预习的过程中，学生要根据自己的理解，撰写一个预习报告，其主要内容应当包括以下几个方面：

（1）熟悉实验中用到的每一种试剂、溶剂的物理、化学性质（包括熔点、沸点、密度、氧化还原性、毒性等）。

（2）理解实验原理，熟悉实验装置和实验操作。在理解实验原理的基础上，画出实验的流程图，并用简洁的语言或符号描述实验操作和实验现象，能够画出实验装置搭建的示意图。

（3）理解每一步实验操作的原理，并预判实验中可能会遇到的问题及解决方案。特别要对课本中每个实验后面的思考题认真思考，写出解决方案。

1.5.2 实验记录

实验记录对一个科研工作者而言是最宝贵的财富。根据实验记录，学生可以重复之前的实验或者查找实验异常的原因，并可能由此获得新的科学发现。因此，在实验过程中，学生应当认真细致地记录每一步实验操作（包括每一种试剂的投料量、投料时间、投料顺序等）和实验现象（包括温度、颜色变化，有无气体产生等），及时记录测得的实验数据。当观察到的实验现象或测得的实验数据与教材不一致时，应当按照实际的情况进行记录，以便后面对实验结果进行总结分析。

实验记录是实验报告的原始数据，对科研工作具有至关重要的意义，不得随意损毁。因此，实验记录应当记录在容易长久保存的记录本上，并用不易褪色的墨水笔进行记录，不能用铅笔做实验记录。

1.5.3 实验报告

在实验完成之后，要求根据实验记录撰写实验报告。实验报告主要是系统总结已完成的实验工作，归纳总结实验结果，分析实验中遇到的问题和异常现象，这有助于巩固和加深对实验的理解，同时也是撰写科研论文的基本训练环节。有机化学实验报告应当实事求是，准确、清晰地将自己的实验工作表达出来，主要分为有机化合物基础实验技术（含物理常数的测定）报告和有机化合物合成实验报告。

有机化合物基础实验技术（包括物理常数的测定和基本操作）报告可采用以下格式：

实验名称＿＿＿＿＿＿＿＿＿＿＿＿

一、实验目的

该部分主要阐述通过该实验学生要达到的学习目的。对学生而言，领会实验目的可以更好地掌握实验的主要知识点，避免盲目地进行实验。

二、实验原理

该部分主要阐述实验是通过怎样的原理来达到实验目的的。实验原理是实验的基础。

三、实验试剂

该部分主要阐述反应物及产物的物理常数，主要包括性状、摩尔质量、相对密度、熔点、沸点、折射率、溶解度等。

四、实验装置

该部分主要画出基础实验装置（有机化合物性质实验）或反应装置（有机化合物合成实

验）、分离装置等。画图时应按照实际的实验装置准确地画出其示意图，为突出主体装置，试验中的辅助装置（如铁架台、加热套等）不必画出。

五、实验步骤

该部分阐述具体的实验操作步骤，如反应试剂的投料量、反应温度、反应时间、实验现象等。对于大家熟知的常规实验操作（如试验装置的搭建等）可省略。

六、实验结果

该部分主要阐述所得产品的性状、纯度、质量及收率等。

七、实验分析

该部分可根据实验操作及结果，结合实验原理，对实验的成败关键进行分析与说明。

【附　正溴丁烷合成的实验报告】

一、实验目的（略）

二、实验原理

反应式

$$NaBr + H_2SO_4 \longrightarrow HBr + NaHSO_4$$

$$n\text{-}C_4H_9OH + HBr \xrightarrow{H_2SO_4} n\text{-}C_4H_9Br + H_2O$$

副反应

$$CH_3CH_2CH_2CH_2OH \xrightarrow{H_2SO_4} CH_3CH_2CH{=}CH_2 + CH_3CH{=}CHCH_3$$

$$2n\text{-}C_4H_9OH \xrightarrow{H_2SO_4} (n\text{-}C_4H_9)_2O$$

$$2NaBr + 3H_2SO_4 \longrightarrow Br_2 + SO_2\uparrow + 2H_2O + 2NaHSO_4$$

三、实验试剂及产物的物理常数

名称	分子量	性状	折射率	相对密度	熔点/℃	沸点/℃	溶解度/(g/100mL 溶剂)		
							水	醇	醚
正丁醇	74.12	无色透明液体	1.3993	0.810	−89.2～−89.9	117.7	7.920	∞	∞
正溴丁烷	137.03	无色透明液体	1.4398	1.299	−112.4	101.6	不溶	∞	∞

四、装置图　（略）

五、实验步骤及现象

步骤	现象
1. 在 50mL 的圆底烧瓶中加入 8.3mL 水和 8.3mL 浓硫酸，混合均匀后，冷却至室温。加入 4.00g 正丁醇及 6.80g 溴化钠，摇匀	酸水混合放热明显 加入溴化钠后，体系呈黄色浑浊
2. 加入磁子，装上回流冷凝管、溴化氢吸收装置，5%氢氧化钠溶液作吸收剂。将烧瓶温和加热回流 0.5h	加热回流 8:40—9:20 体系为橙色透明液体
3. 稍冷却，改为蒸馏装置，加热蒸馏至馏出液清亮为止	蒸出液开始为无色浑浊液体，温度 85～90℃，温度稍下降后升至近 100℃，后期变为清液。停止蒸馏，馏出液约 5～10mL 反应瓶冷却后上层橙色，下层白色浑浊，后有大量固体析出

续表

步骤	现象
4.将粗产品移入分液漏斗中,分去水层	水层很少
5.把有机相转入另一干燥的分液漏斗中,用4mL浓硫酸洗一次,分出硫酸层	硫酸洗涤后上层有机相变为橙红色,硫酸层为红色
6.有机层用5%的亚硫酸氢钠溶液洗一次,再依次用等体积的水、饱和碳酸氢钠溶液及水各洗一次	亚硫酸氢钠溶液洗涤后有机相为近无色浑浊液体 碳酸氢钠溶液洗涤时有气泡放出
7.分出有机相 放入干燥的锥形瓶,无水氯化钙干燥	有机相略呈黄色,近清液 干燥时间14:10—14:45 有机相为透明溶液,氯化钙呈疏松状
8.过滤,蒸馏,收集99～103℃馏分	未见前馏分,b.p.____℃,无色透明液体
9.称量产品	____g,产率____
10.测定折射率	n_D^t ____

注：括号中的数值为计算得到的预计称量数量。

六、实验结果

七、产品分离纯化过程

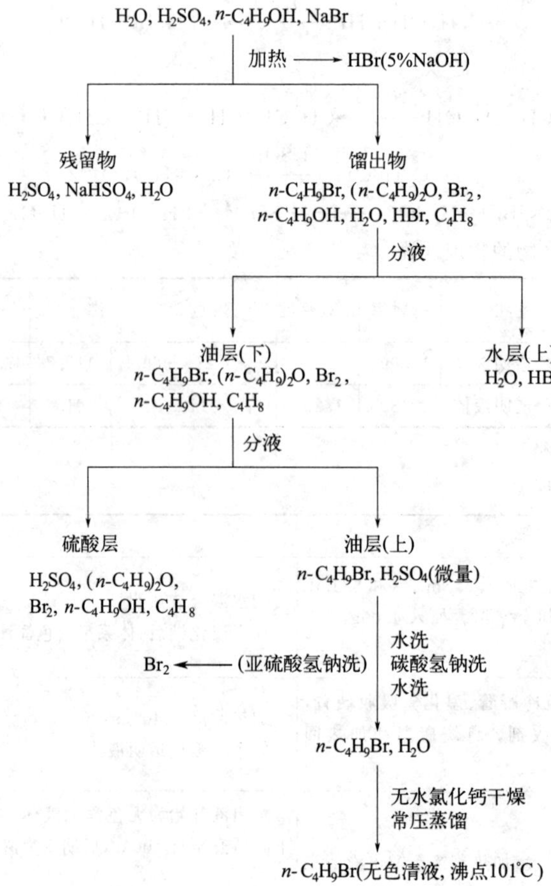

八、实验分析

1.6 有机化学实验文献

化学文献是化学学科领域的科学研究和工业生产等的记录和总结。查阅文献是化学工作者学习、研究和生产中的重要环节，也是科学研究者应具备的基本技能之一。据美国科学基金会、凯斯工学院基金委员会和日本国家统计局的调查数据，科研工作的时间分配大体为：计划 8%、文献查阅 51%、实验 32%、编写报告 9%。可见，文献查阅是其中非常重要的一个环节。有机化学实验课程要求每个学生在课前对所用试剂、反应物及产物等实验相关化合物及反应信息进行查阅，这不但使学生在实验前就对相关内容有一个较高水平的了解，更是对其查阅和应用文献资料的能力培养。

1.6.1 词典、手册与大全

（1）《英汉汉英化学化工大词汇》（科学出版社）、《英汉化学化工词汇》（化学工业出版社）等，可以查阅化学类名词的中/英译文，内容十分详尽。

（2）《化工辞典》（化学工业出版社），该书目前已出至第五版，修订后共收集化学化工名词 9500 余条，列出了相关化合物的分子式、结构式和基本的物理化学数据。

（3）《The Merck Index》（默克索引）（Merck 公司出版的非商业性的化学药品手册），提供约一万种常用化学试剂和生物试剂的命名、结构式、常用理化资料、用途、毒性、制备方法以及参考文献等内容。条目按英文字母排序，书末有分子式及化合物名称索引。该书在 20 世纪中后期是化学界最重要的索引之一，但在新世纪网络数据库索引普及后，该书的重要性已大幅下降。

（4）《Lange's Handbook of Chemistry》（兰氏化学手册），内容和 CRC 类似，将有机化学、无机化学、分析化学、电化学、热力学等理化资料分十一章编排，其中第七章为有机化学的内容。

（5）《试剂手册》（上海科学技术出版社），该书已经出了三版。该书收集了无机试剂、有机试剂、生化试剂、临床试剂、仪器分析用试剂、标准品、精细化学品等资料编辑而成。每个化学品列有中英文正名、别名、化学结构式、分子式、相对分子量、性状、理化常数、毒性数据、危险性质、用途、质量标准、安全注意事项、危险品国家编号及中国医药集团上海化学试剂公司的商品编号等详尽资料。入书的化学品 11560 余种，按英文字母顺序编排，后附中、英文索引，使用方便，查找快捷。

（6）商业试剂目录，其代表是有美国 Aldrich-Sigma 试剂公司的化学品目录。

该目录每年更新一次，收集超过两万种化合物。一种化合物作为一个条目，除了给出了不同等级、不同包装的价格，可以据此进行订购外，内容还包括分子式、分子量、熔沸点、折射率等，复杂的化合物更是给出了核磁共振和红外光谱图的出处。目前该目录的纸质版在2015年已经停止了更新，内容完全网络化，相关信息可以在www.sigmaaldrich.com进行查询。除了Aldrich-Sigma公司，知名的试剂公司商业目录还有Alfa Aesar、Arcos、TCI等。www.chemicalbook.com是国内最著名的综合性商业试剂信息查询网站。

(7)《常用化学危险物品安全手册》(中国医药科技出版社)，提供常见的约1000种化学药品的安全使用资料，主要包括理化性质、毒性、包装运输方法、防护措施、泄漏处置、急救方法等内容。

(8)《化学危险品最新实用手册》(中国物资出版社)，编写内容与《常用化学危险物品安全手册》类似，在其基础上新增加了300余种化学药品的安全使用资料。

1.6.2 化学期刊及数据库介绍

发表在专业学术期刊上的原始研究论文是最重要的信息来源，一般分为综述、全文和研究简报等形式。综述一般刊载某一研究领域的近年发展小结；全文一般刊载重要发现的整个研究过程，相关化合物的实验细节和结论等；研究简报一般刊登一些新颖简要的阶段性结果。下面是一些重要的化学相关期刊数据库及其中与有机化学相关的重要期刊。

(1) 中文主要期刊　中国知网是国内最重要的期刊数据库，其始建于1999年的中国知识基础设施工程(China National Knowledge Infrastructure，简称CNKI)。目前，CNKI已建成世界上全文信息量规模最大的“CNKI数字图书馆”以及“CNKI网格资源共享平台”，其收录了国内所有重要的期刊、博士论文、硕士论文、会议论文、报纸、工具书、年鉴、专利和标准等，中心网站的日更新文献量达5万篇以上。目前国内期刊中与有机化学有关的重要期刊有：

①《Chinese Journal of Chemistry》(中国科学)，由中国科学院主办，1950年创刊，1982年起分A、B两辑出版，化学在B辑中刊出，主要刊载化学领域内各个学科的原始的、重要的研究成果。

②《Chinese Chemical Letters》(中国化学快报)，由中国医学科学院协和药物研究所与中国化学会合办，主要刊载化学领域内各个学科的研究成果，文章形式为快报。

③《高等学校化学学报》，由吉林大学和中国化学会主办。栏目有研究论文、研究快报和研究简报，主要报道化学领域的研究成果。

④《有机化学》，由中国科学院上海有机化学研究所和中国化学会合办，主要刊载有机合成、生物有机、物理有机、天然有机、金属有机和元素有机等有机化学

领域的研究成果。

另外其他较有影响力的期刊包括《大学化学》、《应用化学》、《合成化学》、《化学试剂》、《化学进展》、《化工进展》和《精细化工》等。

(2) 国外主要期刊

①《Journal of the American Chemical Society》(美国化学会会刊),缩写为 J. Am. Chem. Soc.,1879 年创刊,主要刊登化学学科领域高水平的研究全文和简报,是世界上化学类期刊的龙头,总引证次数和被引次数均高居第一名。

②《Angewandte Chemie International Edition》(德国应用化学),缩写为 Angew. Chem. Int. Ed.,1888 年创刊(德文),由德国化学会主办,从 1962 年起出版英文国际版,主要刊登化学学科领域高水平的研究论文和综述,是与 J. Am. Chem. Soc. 齐名的国际顶级化学类期刊。

③《Organic Letters》(有机化学通讯),缩写为 Org. Lett.,其前身是《The Journal of Organic Chemistry》的简报部分,主要刊登有机化学学科领域的新颖的研究简报。

④《The Journal of Organic Chemistry》(有机化学杂志),缩写为 J. Org. Chem.,主要刊登有机化学学科领域高水平的研究论文全文和短文。全文中有比较详细的合成步骤和实验结果。

⑤《Chemical Communication》(化学通讯),缩写为 Chem. Commum.,该期刊发表跨越全部化学科学范围的快讯,是世界上最大的通用化学通讯期刊,具有重要的影响力。

⑥《Chemical Society Reviews》(化学学会综述),缩写为 Chem. Soc. Rev.,主要刊登化学学科领域的高水平综述,是与 Chem. Rev. 齐名的化学综述类期刊。

⑦《Nature》和《Science》(《自然》和《科学》),《Nature》由英国自然出版集团出版,《Science》则是由美国科学促进会出版的。两者均主要发表全球科学研究中具有最显著的突破、最具权威性的精选论文。

(3) 专利数据库介绍 世界专利文献有 7000 多万件,2014 年仅中国申请的专利总量就超过 160 万件,其中有效的专利约 30 万件。根据世界专利分类(International Patent Classification,简称 IPC),分成 8 个大部,118 个大类,500 多个分类,58000 个小组。所有其他科技文献都没有专利文献这样系统化、规范化。专利文献具有数量大、范围广、内容新、速度快、技术细节描述详尽以及能反映技术发展的全过程等特点,是科技文献中的重要组成部分。根据世界知识产权组织研究分析,科研工作在拟定课题、制订规划和攻关解疑过程中,自始至终注意专利文献,经费大致可节约 60%,时间可节省 40%。

专利说明书一般由扉页、摘要、权利要求书、说明书、附图五部分组成,有的还会附加专利检索报告。

专利一般通过以下四种方法进行检索:

① 号码检索：申请号、公开（告）号、专利号检索等；

② 名字检索：发明人、专利申请人、专利权人、专利受让人检索等；

③ 主题检索：关键词或/和分类检索；

④ 组配检索：跨字段进行逻辑组配检索（与、或、非）。

专利一般可以通过中国国家知识产权局（SIPO）网站（www.sipo.gov.cn），欧洲专利局（EPO）网站（www.epo.org），美国专利商标局（USPTO）网站（www.uspto.gov）和日本专利局（JPO）网站（www.jpo.go.jp）等进行查询。

1.6.3 网络检索数据库

Chemical Abstracts（美国化学文摘）由美国化学会的分支机构化学文摘社（Chemical Abstracts Service，CAS）主办，简称 CA，创刊于 1907 年，是目前化学领域内最悠久、收录最全、最具权威性的文摘索引期刊，摘录全世界 160 多个国家 20000 余种化学及化学相关期刊的论文以及 30 多个国家的专利说明书。CA 的电子出版物始于 1969 年，后来逐步形成 CA 光盘版（CA on CD）。20 世纪末，CAS 开发了基于网络访问的客户端软件 SciFinder Scholar（2012 年已停止服务）和 SciFinder Web 版。

SciFinder Web 版整合了 Medline 医学数据库、美国和欧洲等 30 多家专利局的全文专利资料，以及 CA 创刊以来收录的所有资料。SciFinder 虽然内容庞大，但可根据关键词索引、作者索引、专利索引、化合物信息名称索引（化合物名称、分子式、登记号、结构式等）等多种形式的索引，方便快捷地进行检索，并链接到相应的原始文献。特别是，SciFinder Web 版还支持化合物结构模糊检索。

SciFinder 已经成为最重要的化学文献检索工具。目前，国内许多高校和科研机构都已经购买了 SciFinder Web 版的使用权限。

第2章

有机化学实验基本操作

2.1 有机化合物物理常数的测定

熔点（m. p.）、沸点（b. p.）、折射率（n_D^t）、比旋光度（$[\alpha]_\lambda^t$）等是有机化合物固有的物理常数和重要的物理性质。有机化合物物理常数的测定，在有机化学实验中占有重要的位置，一种化合物合成后首先要鉴定它的物理性质，然后再对其结构进行鉴定。如果是已知化合物，可以将测得的物理常数和文献进行对照，检验结果是否正确；如果是未知化合物，这些数据对于结构鉴定至关重要，也是判断有机化合物纯度的重要依据，还可依据一些物理常数的差异进行分离和提纯。

实验一　熔点的测定

一、实验目的

微量法测熔点

1. 了解熔点测定的基本原理及意义。
2. 掌握毛细管法测定熔点的操作。
3. 掌握熔点仪测定熔点的操作。
4. 掌握物质纯度与其熔点和熔程的关系。

二、实验原理

1. 纯净有机物晶体的熔点

熔点是指固体有机化合物在一个大气压力下固液两相达成平衡时的温度，此时固相与液相的蒸气压相等，固液两相并存。纯净的固体有机化合物一般都有固定和非常敏锐的熔点。图 2-1 表示纯净有机化合物相组成与时间和温度变化的关系，当加热使温度接近其熔点时，升温速率随时间变化约为恒定值。加热温度低于化合物熔点时固体不熔化，随着加热的进行温度上升，达到熔点时，固体开始熔化出现少量液体，此时固液两相平衡。熔融过程是吸热的相变过程，继续加热所提供的热量使固相不断转变为液相，两相间仍平衡，温度不再变化。当固体全部变为液体，继续加热温度又开始线性上升。因此在接近熔点时，加热速度一定要慢，每分钟升高温度不能超过 2℃，只有这样，才能使整个熔化过程尽可能接近于两相平衡条件，测得的熔点也更精确。

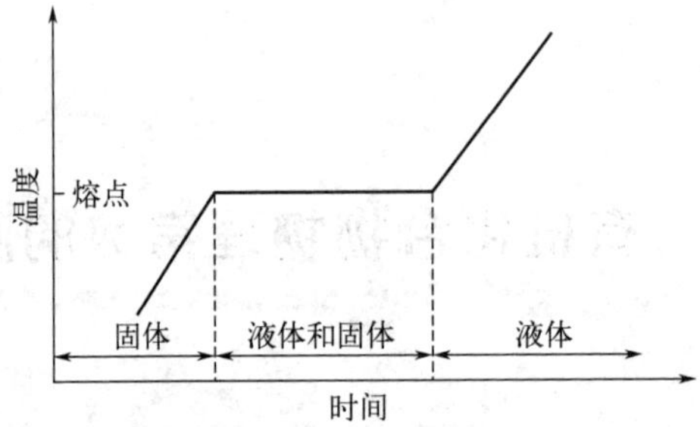

图 2-1　纯净有机化合物相组成随时间和温度的变化关系

在毛细管法测定熔点的操作中，开始熔融（初熔温度）与完全熔融时的温度（终熔温度）之间总有一段狭窄的温度间隔，称为熔程。对于纯净的有机物晶体，熔程很狭窄，一般在 0.5～1.0℃范围内。

2. 杂质对熔点的影响

加热一种含有杂质 B 的有机物晶体 A，达到一定温度以上时晶格松弛，B 会向 A 溶入，形成固体溶液，这时并不能看到熔融现象。继续加热至 A 物质达到熔融，由于杂质 B 向 A 溶入，使固熔体中 A 物质的蒸气压较纯 A 物质的蒸气压降低，固熔体熔融在低于纯 A 物质熔点的温度出现，表现为熔点降低，为图 2-2 中的 t_1 点。在此过程中，杂质 B 继续向 A 中溶入，一段过程中 B 在熔体 A 中形成较浓的溶液；此时系统温度高于 A 的熔点，A 会继续熔融，杂质 B 在 A 中的浓度随之降低，直到达到 t_2 时完全熔融，出现较长的熔程。因此少量杂质混入有机物，会使该物质的熔点降低，熔程加长。

3. 熔点测定的应用

通过测定有机物的熔点并结合文献值，可以帮助鉴定未知的有机物及其纯度。利用混合熔点法进行有机化合物的鉴定，这是有机化合物鉴定中的传统方法。通常的做法是：当测得的一未知物的熔点同某已知物熔点相近或相同，可将二者至少按三种比例混合均匀（如 1∶9，1∶1，9∶1），分别测其熔点，若它们是相同的化合

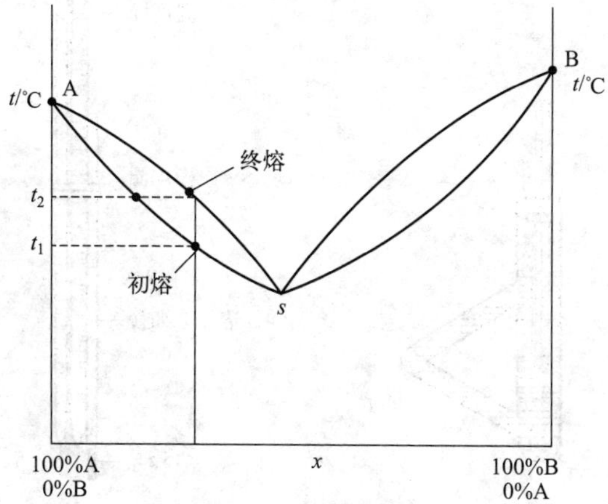

图 2-2　熔点降低原理示意图

物，则熔点值不会降低，若是不同的化合物，则熔点降低，熔程明显加长。

但是当两种固体混合后，如果生成了新的物质或形成了共熔体也可以出现敏锐的熔点或熔点值反而上升的现象。尽管利用混合熔点法测定熔点有少数特例，但是对于鉴定有机化合物和确定未知物仍然有很大的实用价值。近年来，随着色谱、核磁共振等方法的发展和广泛应用，混合熔点法的应用范围也日趋缩小。

多数有机物的熔点都在 400℃以下，较易测定。但也有一些有机物在其熔化以前就发生分解，只能测得分解点。

测定熔点的方法较多，毛细管熔点测定法具有用料少、操作简便的优点，因此在有机实验中被广泛采用。另外利用熔点测定仪来测定熔点也是实验中常用的方法。

三、实验试剂和仪器装置

1. 试剂

乙酰苯胺、苯甲酸、乙酰苯胺与苯甲酸的混合物、未知物、甘油。

2. 仪器装置

如图 2-3 所示。

四、实验步骤

1. 毛细管法测熔点

（1）准备毛细管　将内径约 1mm、长度为 7～8cm 的毛细管的一端烧熔封闭制成熔点管。封管的方法是：将毛细管一端（约 1～1.5mm）以倾斜 45°方向进入酒精灯外焰，同时不断捻动毛细管另一端，当看见火焰上毛细管端口处有小红珠出现时，取出观看是否封住，如果没有封好，再继续上述操作，直到封好为止[1]。

（2）装样品　取少量干燥、研细的样品放置在干燥洁净的表面皿上并堆成小堆，然后把毛细管开口端插入样品堆中，即有少量样品挤入熔点管中，然后把熔点

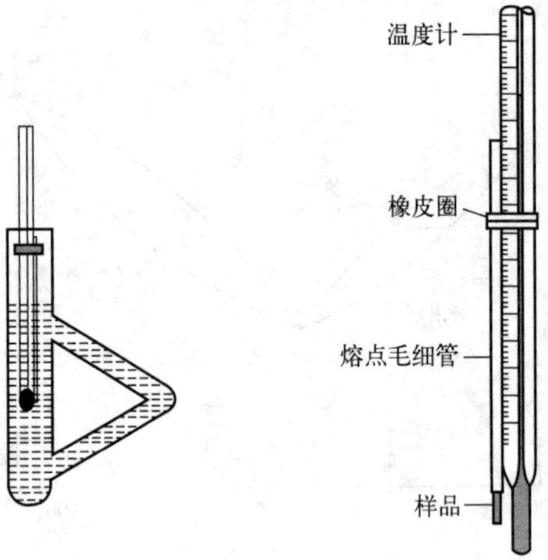

图 2-3　提勒管测定熔点的装置

管开口端朝上竖立起来，轻轻在桌上墩几下，使样品落入管底，以同样方式重复取样几次。然后取一根内径 8～10mm、长 40～50cm 的玻璃管垂直放在表面皿上，将装有样品的熔点管开口端朝上，从玻璃管上端放入玻璃管中，形成自由落体运动，如图 2-4 所示。如此反复几次，使样品装填紧实均匀，高度为 2～3mm[2]。

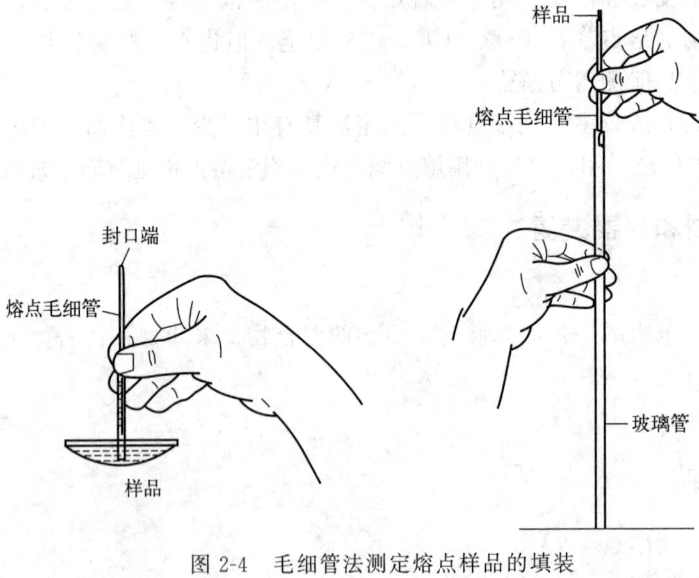

图 2-4　毛细管法测定熔点样品的填装

(3) 装置仪器　取一只提勒（Thiele）管（又称 b 形管），固定在铁架台上，装入载热体甘油[3] 至略低于支管口上沿，将温度计悬挂在提勒管上端，然后借助于甘油的黏度将熔点管黏附在温度计上，样品部分位于温度计水银球中部，调整温度计的位置，使其水银球恰好在 b 形管两侧管的中部，加热位置应该在侧管处，如图 2-3 所示[4]。

（4）测定熔点　可先以较快速度加热，距熔点十几度时，减慢加热速度，每分钟升 1～2℃，接近熔点温度时，每分钟上升约 0.2℃[5]。观察、记录形成第一滴液体时的温度（初熔温度）和晶体完全消失并变成透明液体时的温度（终熔温度）[6]。要注意在加热过程中是否有变色、发泡、升华及炭化等现象，若有上述现象必须如实记录。

熔点测定应至少有两次平行测定的数据（混合物测一次数据），每一次都必须用新的毛细管另装样品测定[7]，而且必须等待甘油冷却到低于此样品熔点 20～30℃时，才能进行下一次测定。

对于未知样品，可用较快的加热速度粗测一次，在很短的时间里测出大概的熔点。待浴温冷却到熔点 20℃以下，再另取一根装有待测样品的熔点管进行测定。

2. 电子可视化熔点仪测定熔点

电子可视化熔点仪如图 2-5 所示，其具有高精度控温技术和高清视频摄像技术。高清视频可清晰地看到样品熔化的全过程，自动检测实时图谱显示具有测量方便快捷的优点。具体操作如下：

图 2-5　电子可视化熔点仪

（1）开启电源开关，稳定 20min，设定预置温度，调节升温速率（升温速率控制同上操作）。

（2）达到预置温度后，插入装有待测样品的熔点毛细管（熔点毛细管的制备和样品的装填同上操作）。

（3）随着温度升高，观察显示屏上待测样品熔化过程，记录初熔和终熔温度。

熔点的测定结果可按表 2-1 的格式记录。

表 2-1　苯甲酸、乙酰苯胺的熔点测定数据记录表

试样	测定值/℃		平均值/℃	
	初熔	全熔	初熔	全熔
苯甲酸				
乙酰苯胺				
苯甲酸和乙酰苯胺的混合物				

乙酰苯胺：m. p. 114℃，苯甲酸：m. p. 122.4℃。

五、注释

［1］捻动的目的是保持受热均匀，防止封口端弯曲。

［2］影响熔点测定准确性的因素可能包括试样的纯度、试样量、试样的粒度等，试样装填得不密实均匀和取样过多都将导致熔程不规则拖长，影响测定结果。

［3］提勒管中加入的载热体又称为浴液，可根据所测定物质的熔点来选择，表 2-2 给出了常用浴液的使用温度范围。

表 2-2 常用浴液的使用温度范围

浴液	使用温度范围/℃	浴液	使用温度范围/℃
水	0～100	液体石蜡	低于 230
无水甘油	低于 150	真空泵油	低于 250
邻苯二甲酸二丁酯	低于 150	浓硫酸＋硫酸钾(7∶3)	低于 325
浓硫酸	低于 150(敞口容器中)	聚有机硅油	低于 350

[4] 这时受热溶液可沿管做上升运动，促使整个 b 形管内溶液循环对流，温度均匀而不需搅拌。

[5] 以较慢的速率加热，使热量有充分的传输时间从热源通过传热介质传到毛细管内试样，减少观察上的误差。

[6] 固体样品的熔化过程可用图 2-6 表示。

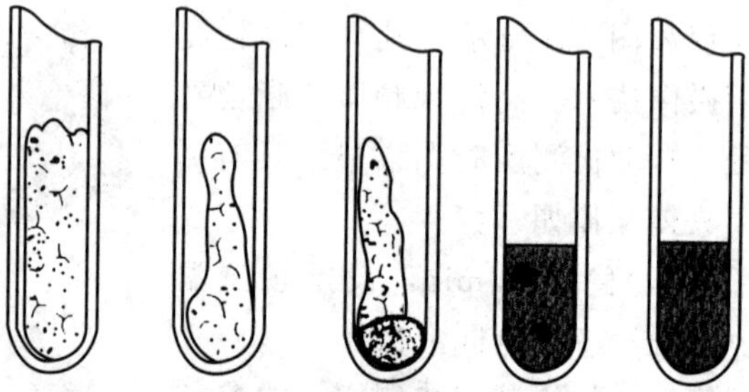

图 2-6 固体样品的熔化过程

[7] 已测定过的试样或由于分解或由于晶形改变，会与原试样不同，不能再用于测定实验。

六、思考题

1. 测定熔点的意义是什么？

2. 哪些因素会影响熔点的测定？

3. 熔点测定时如何控制加热速度？观察什么现象作为熔融过程的开始？什么现象作为熔融过程完成？

4. 测定有机物熔点时，若遇到下列情况，对所测熔点有什么影响？

(1) 毛细管的管壁较厚；

(2) 加热太快；

(3) 毛细管内不洁净；

(4) 试样研磨不细、装填不密实；

(5) 样品未完全干燥或含有杂质。

5. 能否对一份试样进行反复多次的熔点测定？为什么？

实验二　沸点的测定

微量法测沸点

一、实验目的

1. 掌握沸点测定的原理和意义。

2. 掌握微量法测定沸点的实验操作。

二、实验原理

液体化合物的沸点，是其重要的物理常数之一，在物质的分离、提纯和使用中具有重要意义。

由于分子运动，液体的分子有从表面逸出的倾向，这种倾向随着温度的升高而增大。如果把液体置于密闭的真空体系中，液体分子不断地逸出在液体表面形成了蒸气，当分子由液体逸出的速率与分子由蒸气中回到液体的速率相等时，使蒸气保持一定的压力。当液体表面的蒸气达到饱和时，称为液体的饱和蒸气，它对液体表面所施的压力称为饱和蒸气压。实验证明，液体的蒸气压只与温度有关，即液体在一定的温度下具有一定的蒸气压，液体受热时，其蒸气压随温度的升高而增大。当液体内部饱和蒸气压达到与外界施于液面的总压力（通常是大气压）相等时，就有大量气泡从液体内部逸出，即液体沸腾，此时的温度称为该化合物在此压力下的沸点。一般对于大量液体沸点的测定通常采用常量法，即通过蒸馏来测液体的沸点（见实验七），对于少量液体通常采用微量法测定，下面介绍微量法测沸点的原理。

如图 2-7 所示，在最初受热时，倒置毛细管内气体受热膨胀，会逸出毛细管外，形成小气泡。继续加热，毛细管内待测样品的蒸气压不断增加，若受热温度超过其沸点，此时毛细管内的蒸气压大于外界施于液面总压力，则有一连串气泡逸出。此时停止加热，热浴温度慢慢降低，毛细管内的蒸气压会降低，气泡逸出的速度减慢，当最后一个气泡出现而刚欲缩回到毛细管内的瞬间，即表示毛细管内液体的蒸气压与外界大气压相等，此时所测得的温度即为该液体的沸点。

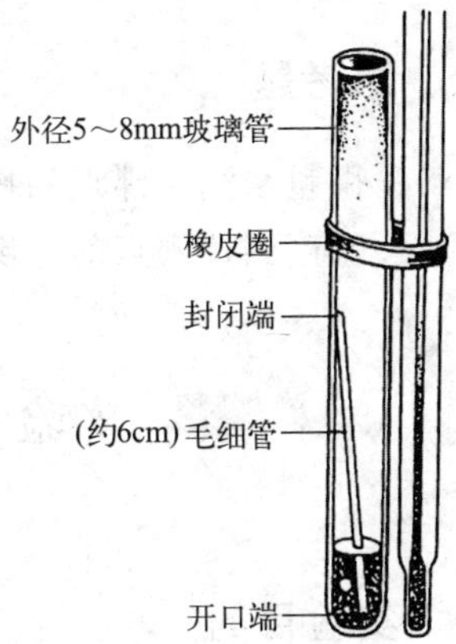

图 2-7　微量法测定沸点的装置

三、实验试剂和仪器装置

1. 试剂

乙酸乙酯、甘油。

2. 仪器装置

如图 2-7 所示。

四、实验步骤

1. 将待测样品乙酸乙酯滴入沸点管中，使液柱高约 1cm。将一端封闭的毛细管开口向下插入待测液中。把沸点管用橡皮圈固定于温度计上，插入盛有甘油的提勒管中。

2. 在提勒管侧管处缓慢加热[1]，当温度慢慢升高时，会有小气泡从毛细管口逸出，继续缓慢加热并注意观察，当气泡连续成串逸出时立即停止加热。浴液温度靠余热持续升高后，即慢慢下降，气泡逸出的速度渐渐减慢。当最后一个气泡刚欲缩回至毛细管的瞬间，记录温度计上所示温度，即为该样品的沸点[2]。

3. 待温度下降 15～20℃，重新加热再测一次[3]，两次测定数据差值不应超出 1～2℃[4]。

五、注释

[1] 测定沸点时，加热速度不能过快，在接近样品沸点时，升温要更慢一些，以防受热温度超过其沸点太多，使得管内液体迅速挥发而不能测定。

[2] 测定沸点时，如果受热温度超过其沸点仍未观察到一连串小气泡逸出，可能是毛细管没有封闭好，此时应停止加热，更换毛细管重新测定。

[3] 每支毛细管只可用于一次测定，一个样品需重复测定 2～3 次。

[4] 乙酸乙酯：b. p. 77. 1℃。

六、思考题

1. 微量法测定沸点的操作中，如何准确判断沸腾现象及相应温度？
2. 温度到达沸点前，倒置毛细管缓慢逸出的气泡是什么？

实验三　液体化合物折射率的测定

一、实验目的

1. 掌握折射率的概念及测定折射率的意义。
2. 了解阿贝折射仪的工作原理和使用方法。

折射率的测定

二、实验原理

1. 折射和折射率

光在不同介质中传播的速率不同。当光从一个介质进入到另一个介质时，只要入射光的方向与两个介质间的界面不垂直，由于传播速率改变，在界面处的传播方向就会发生改变，这种现象称作光的折射，如图 2-8 所示。

根据光的折射定律，波长一定的单色光在确定的外界条件下（如温度、压力等），从介质 A 进入介质 B 时，其传播速率（v）之比等于其入射角 α 与折射角 β 的正弦之比。该比值 n 即为介质 B 对介质 A 的折射率：

$$n=v_A/v_B=\sin\alpha/\sin\beta$$

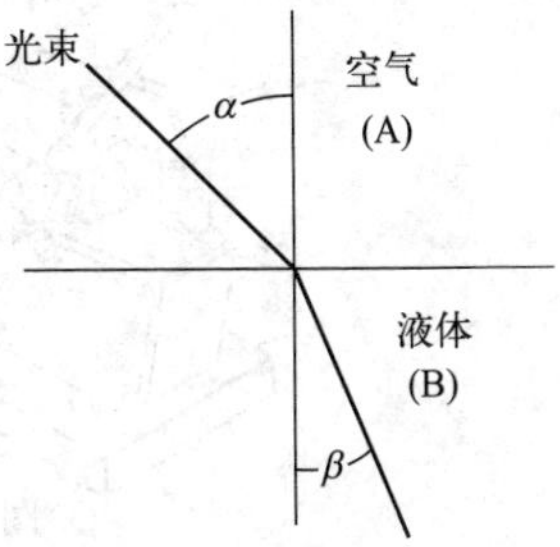

图 2-8　光在不同介质中的折射

在测定折射率时，一般都是光从空气射入液体介质中，因此通常用在空气中测得的折射率作为该介质的折射率。所有介质的折射率都大于 1，这是因为光在空气中的传播速率接近于真空中的速率，而光在任何介质中的速率均小于光速，由此可看出入射角大于折射角。

让入射角 α 从 0°至 90°变化，当入射角 α 达到最大值，即 $\alpha=90°$ 时，$\sin 90°=1$，此时的折射角 β 也达到最大，用 β_0 表示，称为临界角，此时折射率为 $n=1/\sin\beta_0$。因此只要测定出临界角，就可以计算出待测液体的折射率。

折射率是物质的特性常数，固体、液体、气体都具有折射率，尤其是液体，文献数据十分详细。测定所合成的已知化合物的折射率，并与文献值对照，可作为判断其纯度的标准之一；测定未知化合物的折射率，并与文献值对照，可对其进行定性鉴定。对于合成的未知化合物，经过结构鉴定后，测得的折射率可作为一个物理常数记载。

化合物的折射率主要由其结构决定，还受测定时温度和入射光波长影响（只在精密工作中才考虑压力的影响）。所以折射率的表示需要注明温度和入射光的波长。一般是在 20℃时，以钠光作为光源（波长为 589nm，以 D 表示）来测定化合物的折射率，表示为 n_D^{20}。

通常温度升高，化合物的折射率下降，在温度 t 下测定的折射率可通过下式换算成标准值 n_D^{20}：

$$n_D^{20}=n_D^t+4.5\times10^{-4}\times(t/℃-20)$$

2. 阿贝折射仪的工作原理

用于测定液态化合物折射率的仪器是 Abbe（阿贝）折射仪。阿贝折射仪是根据光的折射现象和临界角的基本原理设计而成，单目阿贝折射仪的结构如图 2-9 所示。其主要部分是两块直角棱镜，下面一块是表面光滑的测量棱镜，上面是磨砂表面的辅助棱镜，辅助棱镜可以开启。液体样品夹在测量棱镜和辅助棱镜之间，展开形成一层液膜，当光从上面进入棱镜时，由于辅助棱镜磨砂表面是粗糙的毛玻璃面，使液体层内有各种不同角度的入射光经过，进入测量棱镜。

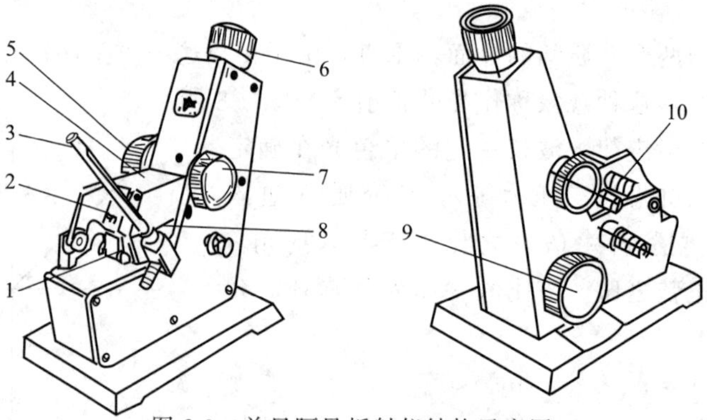

图 2-9　单目阿贝折射仪结构示意图

1—反射镜；2—遮光板；3—温度计；4—进光棱镜；5—色散调节手轮；
6—目镜；7—锁紧旋钮；8—折射棱镜；9—折射率调节手轮；10—恒温器接头

为测定 β_0 值，阿贝折射仪采用了“半明半暗”的方法，就是通过调节折射率调节手轮，使光的入射角以 0°～90°从介质 A 射入介质 B。介质 B 中临界角以内的整个区域都有光线通过，因而是明亮的；而临界角以外的区域都没有光线通过，因而是暗的。明暗两区的界线可以用目镜观察，可以看到界线清晰的半明半暗像。

介质不同，临界角也不同，阿贝折射仪在观测目镜中刻上了“十”字交叉线，使明暗两区的界线总是与“十”字交叉线交点重合，如图 2-10 所示，通过测定相对位置（角度）并经过换算，便可得到折射率。阿贝折射仪中的标尺刻度即换算后的折射率，可直接读出。

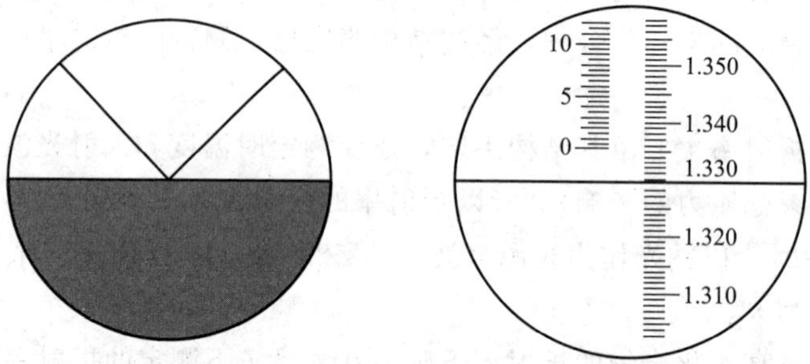

图 2-10　阿贝折射仪在临界角时目镜视野图及读数示意图

阿贝折射仪可用白光作光源，通常在目镜中看到一条彩色的光带，而没有清晰的明暗界线，这是因为对波长不同的光折射率是不一样的。可通过消色散棱镜，抵消原有色散，消除彩色光带，使明暗界线清晰。因钠光 D 线通过消色散棱镜时方向不变，所以当色散消除时，各色光均和钠光 D 线平行，当半明半暗界面出现时，镜筒轴与 D 线平行，因此所测的折射率为该物质对钠光 D 线的折射率。

三、实验试剂和仪器装置

1. 试剂

丙酮、乙酸乙酯。

2. 仪器装置

如图 2-9 所示。

四、实验步骤

1. 将折射仪置于光源充足的桌面上，记录温度计所示温度[1]。

2. 恒温后，打开直角棱镜的闭合旋钮，分开上下棱镜。用滴管加入少量丙酮清洗上下镜面[2]，然后用擦镜纸沿一个方向轻轻把镜面擦拭干净。

3. 镜面干燥后，滴加 2～3 滴[3] 待测液体乙酸乙酯[4] 在光滑镜面上（下棱镜），使镜面铺满一薄层液体，液体均匀无气泡，合上棱镜，锁紧锁钮。

4. 转动反射镜使光线射入棱镜，视场最亮。然后转动调节旋钮，由 1.3000 开始向前转动[5]，直到在目镜中找到明暗分界线。若出现彩色光带，再转动消色散旋钮，直到看到一清晰明暗分界线[6]。

5. 继续转动调节旋钮，使分界线对准“十”字交叉线中心，并读出折射率和测定时的温度。每个样品重复观察 3 次，所得读数的平均值即为样品的折射率。然后计算出乙酸乙酯的 n_{D}^{20}，并与理论值[7] 进行对比。折射仪的最小刻度是 0.001，可估读到 0.0001（其中 0.0005 是准确的）。

6. 仪器用毕，用沾有少量丙酮的擦镜纸蘸着擦干净棱镜，晾干两镜面，然后合紧镜面，用仪器罩盖好[8]。

五、注释

[1] 折射仪放置时要避免阳光直射，同时不能在较高温度下使用仪器。

[2] 操作时要特别小心，严禁滴管的末端触及镜面，以免造成刻痕。擦拭时注意不得来回擦动或以手接触镜面。

[3] 加样量要适中，使样品在棱镜上生成一均匀薄层，样品过多，会流出棱镜外部，样品过少使视野模糊不清。要避免气泡进入样品，影响测定值。测定易挥发液体时应尽量缩短测定时间，或者及时补加试样。

[4] 不得测定酸、碱等腐蚀性物质。

[5] 大多数有机物液体的折射率在 1.3000～1.7000 之间，若不在此范围内，就看不到明暗界线，所以不能用阿贝折射仪测定。

[6] 读数时，若在目镜中看不到半明半暗的分界线而呈现畸形形状，可能是由于棱镜间未充满液体；若出现弧形光环，可能是由于光线未经过棱镜而直接照射到聚光镜上。

[7] 乙酸乙酯：$n_{\mathrm{D}}^{20}=1.3723$。

[8] 仪器长期使用，须对刻度盘的标尺零点进行校正。方法是按上述步骤测定纯水的折射率，其标准值与测定值之差即为校正值。仪器长期不用时，应清洗干净

晾干后，放入仪器自带的木箱内保存，防止灰尘和潮湿空气的侵入，避免剧烈震荡和撞击，以免光学部件损伤而影响精度。

六、思考题

1. 折射率的测定有何实际用途？

2. 哪些因素影响有机化合物的折射率？温度怎样影响折射率？怎样将一定温度下测得的折射率换算成20℃的折射率？

3. 测定折射率时滴加样品量过多或过少将会产生哪些影响？

实验四　白酒中乙醇含量的测定

一、实验目的

掌握通过折射率工作曲线法测定样品含量的方法。

二、实验原理

见实验三原理部分。

三、实验试剂和仪器装置

1. 试剂

无水乙醇、蒸馏水、白酒。

2. 仪器装置

如图 2-9 所示。

四、实验步骤

1. 配置乙醇-水体系标准溶液

计算、配置 5mL 乙醇体积分数分别为 10%、20%、30%、50%、60%的标准溶液。

2. 仪器的校正

将棱镜用丙酮擦拭干净后，用滴管在上面滴加 2～3 滴蒸馏水，润湿后关闭，测定蒸馏水的折射率，与表 2-3 对照，得出校正值。

3. 工作曲线的制作

按浓度从高到低依次测定上述乙醇-水标准溶液的折射率。经过校正后，以标准溶液的浓度为横坐标，折射率为纵坐标，绘制工作曲线。

4. 样品的测定

测定待测白酒样品的折射率，校正后，依据工作曲线计算其浓度。

五、注释

不同温度下蒸馏水的折射率见表 2-3。

表 2-3 不同温度下蒸馏水的折射率

温度/℃	18	19	20	21	22	23	24
折射率 n_D^t	1.33316	1.33308	1.33299	1.33289	1.33280	1.33270	1.33260
温度/℃	25	26	27	28	29	30	
折射率 n_D^t	1.33250	1.33239	1.33228	1.33217	1.33205	1.33193	

实验五 旋光度的测定

一、实验目的

1. 了解测定旋光度的意义，掌握比旋光度的概念。
2. 了解旋光仪的工作原理，掌握旋光仪的使用方法。

旋光度的测定

二、实验原理

1. 旋光度

旋光性是指手性物质使平面偏振光的振动平面旋转一个角度的性质，这个旋转角度称为旋光度，常以 α 表示。旋光度的大小可以用旋光仪进行测定。

旋光度的大小除与物质的结构有关外，还与待测液的浓度、样品管的长度、测定时的温度、光源波长以及溶剂的性质有关。因此，表示旋光度时应注明温度、波长及所用溶剂等条件。为比较各种物质的旋光性能，通常用比旋光度［α］表示物质的旋光度，即每毫升含 1g 旋光性物质的溶液，放在 1dm 长的样品管中所测得的旋光度，它与旋光度的关系为：

$$[\alpha]_{\lambda}^{t}=\frac{\alpha}{cL}$$

式中，α 为旋光仪上测得的旋光度；c 为被测液的质量浓度（g/mL），如被测物本身为液体，c 应改为密度 d(g/mL)；L 为样品管长度（dm）；t 为测定时的温度；λ 为所用光源的波长，常用的单色光源为钠光灯的 D 线（$\lambda=589$nm），可用“D”表示。比旋光度只与物质的结构有关，是旋光性物质的特性常数之一，在化学手册和文献上多有记录数据。

测定旋光度对于鉴定旋光性化合物是不可缺少的，由此还可计算出待测溶液的浓度或作为鉴定未知物的依据。

2.旋光仪的工作原理

圆盘旋光仪由单色光源（钠光灯）、起偏镜（固定不动的尼科耳棱镜）、盛液管、检偏镜（转动的尼科耳棱镜）、刻度盘、目镜构成，如图 2-11 所示。

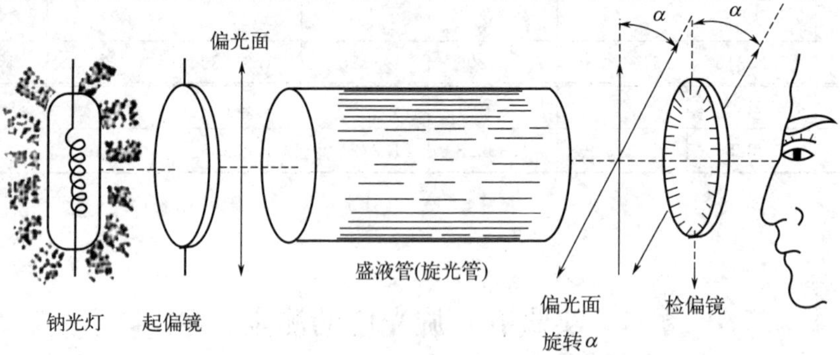

图 2-11　旋光仪构造示意图

光线从光源经过起偏镜，得到振动平面只与起偏镜晶轴平行的单色光即平面偏振光，再经过盛液管时，具有旋光性的有机物使得平面偏振光的振动平面发生偏转而不能透过检偏镜，这样在目镜中看不到偏振光透过，视野是全黑的。只有旋转检偏镜到一定的角度才能看到光透过，由标尺盘上转动的角度，可以指示出检偏镜转动的角度，即为该物质在此浓度时的旋光度。

为能准确测定旋光度，圆盘旋光仪设置了三分视场。其形成原因是在起偏镜后面加入一片石英晶片，宽度为视场的三分之一。石英有旋光性，使透过的偏振光旋转一个固定的角度 ϕ，这样就产生了一个三分视场。当检偏镜的晶轴与起偏镜的晶轴平行，通过目镜可观察到图 2-12(a)所示的现象：中间较暗，两侧是明亮的；若检偏镜的晶轴与透过石英晶片的光的振动平面平行时，可观察到图 2-12(b)所示的现象：中间明亮，两侧是暗的；只有当检偏镜的偏振面处于 $\phi/2$ 时，视场内明暗相等，如图 2-12(c) 所示，此时刻度盘上的读数即为待测液的旋光度。视场内明暗相等的位置很明显，容易观察。

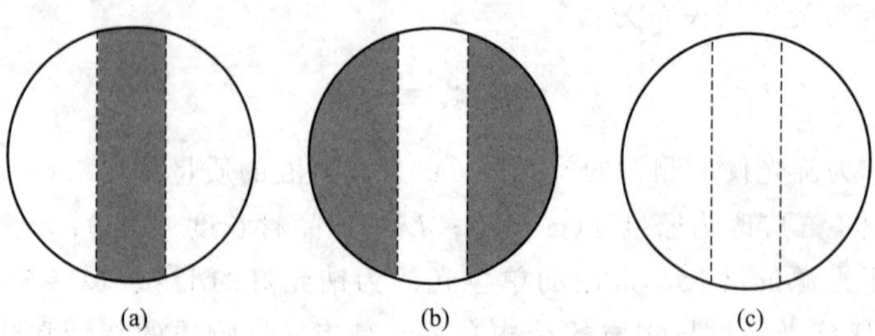

图 2-12　旋光仪三分视场示意图

三、实验试剂和仪器装置

1. 试剂

葡萄糖水溶液。

2. 仪器装置

如图 2-11 所示。

四、实验步骤

1. 预热仪器

将仪器接 220V 交流电源，打开电源开关，预热 5min，使钠光灯发光正常[1]（稳定的黄光），然后开始测试试样。

2. 校正零点

让盛液管直立，将蒸馏水加入盛液管中，使液面凸出管口，小心将玻璃盖板沿管口平推盖好，勿带入气泡[2]。然后旋上螺帽，不能漏液，也不能过紧[3]。装液完毕，擦干盛液管，放入旋光仪盛样槽中[4]。将刻度盘调节在零点附近开始转动刻度盘，先调至两侧明亮，中间较暗；然后调至中间明亮，两侧较暗；最后回调，使视场亮度均匀。此时记下的读数为此仪器的零点。重复操作三次。在测定样品时，从读数中减去此零点值。

3. 测定试样的旋光度

准确称取一定量的葡萄糖，于小烧杯中加水溶解，转移至 100mL 容量瓶中，水洗小烧杯及玻璃棒 3 次，用蒸馏水定容至刻度[5]。测定前先用少量待测液洗涤盛液管两次，使其浓度保持不变[6]。然后依上述方法装入样品并进行测定，复测两次，取测定结果的平均值。

4. 根据测定的旋光度，计算葡萄糖溶液的浓度[7]。

五、注释

[1] 钠灯不宜长时间连续使用，一般不要超过 4h，如使用时间过长，应关闭电源 20min，待钠光灯冷却后再继续使用，以防影响钠光灯的寿命。

[2] 装好样品后如发现盛液管仍有气泡，可将盛液管带凸颈一端向上倾斜，将气泡赶至凸颈部位，避免影响测定。

[3] 螺帽不能旋过紧，过紧会使玻璃盖板产生扭力，在管内产生空隙，影响测定结果。

[4] 测试时，盛液管所放的位置应固定不变，以避免因距离的变化而产生测定的误差。

[5] 葡萄糖有变旋现象，因此要使样品放置 24h，待旋光度稳定后再测。配制的待测液应是透明、无机械杂质的，否则应过滤或重新配制。

[6] 温度变化对旋光度有一定的影响，因此所测样品要在恒温的条件下测定；

盛液管用毕要及时将溶液倒出，用去离子水洗净，擦干放好。

[7] 葡萄糖的比旋光度为52.7°。

六、思考题

1. 什么是旋光度和比旋光度？测定旋光度有什么实际意义？
2. 有哪些因素影响物质旋光度的大小？

2.2 萃取

萃取是有机化学实验中用来提取或纯化有机化合物的常用操作之一，应用萃取可从固体或液体混合物中提取出所需要的物质，如可从动植物中获得生物碱、脂肪、蛋白质、芳香油和中草药的有效成分等；也可洗去混合物中的少量杂质。通常称前者为“抽提”或“萃取”，后者为洗涤，洗涤也是一种萃取。根据萃取物质的不同，萃取又分为液-液萃取和固-液萃取两种萃取方式。

2.2.1 液-液萃取

实验六 水中苯酚的萃取

一、实验目的

1. 掌握萃取的原理和应用。
2. 掌握液-液萃取的操作方法。

萃取与分液

二、实验原理

萃取是利用物质在两种不互溶（或微溶）溶剂中溶解度或分配能力的不同，使有机物从一种溶剂中转移到另一种溶剂中，从而达到分离、提取或纯化目的的一种操作。分配定律是萃取的主要理论依据。

例如分液漏斗内装有溶质A溶于溶剂1组成的溶液，如果要从其中提取A，可在分液漏斗内再加入溶剂2，溶剂2对A的溶解度极高，而与溶剂1不相溶且不发生化学反应。充分振荡，静置后，由于溶剂1与溶剂2不相溶，在分液漏斗内分成两层。此时A在两层中的浓度比，在一定温度和压力下为一常数，即为分配系数，以K来表示，这种关系叫作分配定律。用公式表示为：

$$K=\frac{C_1}{C_2}$$

式中，C_1 和 C_2 分别是溶质 A 在溶剂 1 和溶剂 2 中的质量浓度（g/mL）。

要提高萃取效率，将所需要的化合物从溶液中完全提取出来，通常萃取一次是不够的，必须重复萃取数次：

设：V 为原溶液的体积，m_0 为萃取前化合物的总量，m_1 为萃取一次后化合物剩余量，m_2 为萃取二次后化合物剩余量，m_n 为萃取 n 次后化合物剩余量，V_e 为每次使用的萃取溶剂的体积。根据分配定律的公式，进行以下推导：

经一次萃取 $\quad \frac{m_1/V}{(m_0-m_1)/V_e}=K \qquad m_1=m_0\frac{KV}{KV+V_e}$

经二次萃取 $\quad \frac{m_2/V}{(m_1-m_2)/V_e}=K \qquad m_2=m_1\frac{KV}{KV+V_e}=m_0\left(\frac{KV}{KV+V_e}\right)^2$

经 n 次萃取 $\quad m_n=m_0\left(\frac{KV}{KV+V_e}\right)^n$

由上式可看出，n 值越大，m_n 越小，萃取效率大大提高。

例如：100mL 水中含有 4g 正丁酸的溶液，在 15℃时用 100mL 苯来萃取，已知 15℃时正丁酸在水和苯中的分配系数为 1/3。

用 100mL 苯一次萃取后正丁酸在水中剩余量为：

$$m_1=4\text{g}\times\frac{\frac{1}{3}\times 100\text{mL}}{\frac{1}{3}\times 100\text{mL}+100\text{mL}}=1.0\text{g}$$

如果将 100mL 苯分为三次萃取，则剩余量为：

$$m_3=4\text{g}\times\left(\frac{\frac{1}{3}\times 100\text{mL}}{\frac{1}{3}\times 100\text{mL}+33.3\text{mL}}\right)^3=0.5\text{g}$$

一般将一定体积的溶剂分为 3～5 次萃取即可。这是因为 n 增加，V_e 就要减少，当 $n>5$ 时，再增加 n，n 和 V_e 这两个因素的影响就几乎相互抵消了。

一般从水中萃取有机物，溶剂的选择的原则如下：

（1）溶剂在水中溶解度很小或几乎不溶；

（2）被萃取物在溶剂中要比在水中溶解度大，对杂质溶解度要小；

（3）溶剂与水和被萃取物都不发生化学反应；

（4）萃取后溶剂应易于用常压蒸馏的方法回收；

（5）价格便宜、操作方便、毒性小、沸点不宜过高、化学稳定性好、密度适当也是应当考虑的条件。

常用的萃取剂有乙醚、苯、四氯化碳、氯仿、石油醚、二氯甲烷、正丁醇等。

其中乙醚效果较好，但它容易着火，在实验室中可以小量使用，但在工业中不宜使用。一般来讲，难溶于水的物质用石油醚提取，较易溶于水的物质用乙醚或苯萃取，易溶于水的物质则用乙酸乙酯萃取效果较好。

三、实验试剂和仪器装置

1. 试剂

乙酸乙酯、苯酚。

2. 仪器装置

如图 2-13 所示。

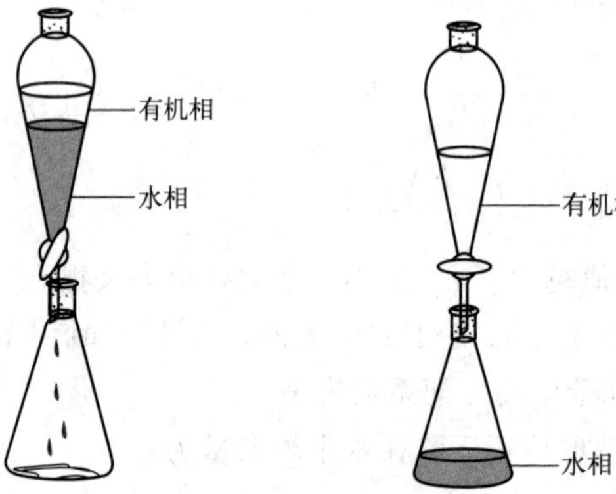

图 2-13　使用分液漏斗萃取

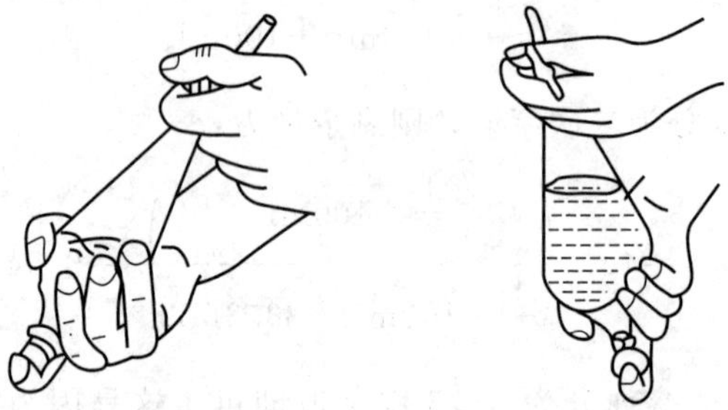

图 2-14　萃取时手握分液漏斗振荡和放气的方法

四、实验步骤

量取 5%苯酚水溶液 20mL，由分液漏斗的上口倒入分液漏斗中[1]，再加入萃取剂乙酸乙酯 10mL。盖好玻璃塞并用右手食指的末节顶住，再用左手大拇指及食指和中指握在漏斗活塞的柄上，这样在振荡时玻璃塞和活塞均夹紧，见图 2-14(a)。两手振摇漏斗，振摇时漏斗的出料口稍向上倾斜。每隔几分钟将漏斗倒置（活塞朝上），小心打开活塞朝无人的地方放气，见图 2-14(b)，以平衡内外压力，再关闭活塞。重复上述操作 2～3 次后，将分液漏斗置于铁圈上，当溶液明显分成两层后[2]，将玻璃塞小槽对准漏斗口颈上的通气孔，小心打开活塞将下层水溶液慢慢放入一烧杯中[3]。当液面分界接近旋塞时，关闭旋塞，静置片刻，待下层液体汇集不再增多时，小心地全部放出[4]。上层乙酸乙酯的苯酚溶液从上口倒入一磨口锥形瓶中，加入无水硫酸镁干燥（干燥剂的使用见 2.5.1），然后蒸馏，回收乙酸乙酯，圆底烧瓶内的残留物即为苯酚。称重，计算收率。

五、注释

[1] 使用分液漏斗时应注意：

a. 使用前先用水进行试漏，以防在萃取过程中造成损失。

b. 需在烘箱中烘干分液漏斗时，要将活塞和玻璃塞都卸下。

c. 不能用手拿分液漏斗进行分液操作，应固定在铁架台上进行操作。

d. 上层的液体不能从分液漏斗下口放出，以免污染产品。

e. 所选用的分液漏斗的容积应比待处理液的体积大 1～2 倍。

f. 分液漏斗使用完毕后，应清洗干净，活塞和玻璃塞都应用纸包裹后再塞回去。

[2] 振荡时，特别是溶液呈碱性时易出现乳化现象。可利用盐析效应，加入食盐等强电解质至溶液饱和，提高水相密度，同时减小有机物在水相中的溶解度，以破坏乳液稳定性，达到破乳的目的。也可轻轻地旋转漏斗，使其加速分层。长时间静置，也可达到使分液漏斗中乳液分层的目的。

[3] 在实验结束前，不要把萃取后的水溶液倒掉，防止一旦分不清水层和有机层时无法挽救。

[4] 有机化合物在有机溶剂中一般比在水中溶解度大。用有机溶剂提取溶解于水的化合物是萃取的典型实例。在萃取时，若在水溶液中加入一定量的电解质（如氯化钠），利用“盐析效应”以降低有机物和萃取溶剂在水溶液中的溶解度，常可提高萃取效果。

六、思考题

1. 什么是分配系数？如达到平衡时溶质 A 在水中的浓度是 1mol/L，在苯中的浓度是 3.5mol/L，此时在这两相间溶质 A 的分配系数是多少（忽略水与苯的互溶）？

2. 用经分液漏斗萃取后的下层水溶液和未萃取的苯酚水溶液各 2 滴滴于点滴板上，各加入几滴 2%的三氯化铁溶液，其颜色哪个更深？这说明了什么问题？

3. 使用分液漏斗的目的何在，使用时应注意哪些问题？

2.2.2 固-液萃取

固体物质的萃取原理和液体物质的相似。从固体混合物中萃取所需要的物质，

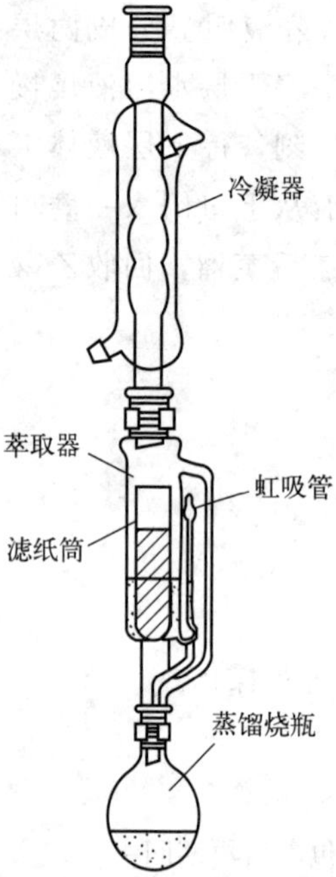

图 2-15 索氏提取器

应把固体混合物研细，以增加固-液接触面积。然后将其放在容器里，加入适当溶剂浸泡，用力振荡，加热提取。常采用以下方法：

（1）浸取法　若待提取物对某种溶剂的溶解性比较好，可在回流装置中加入固体混合物和溶剂，加热至回流，一段时间后停止。然后采用过滤或倾析的方法把萃取液和残留的固体分开，即完成一次提取。

（2）连续提取法　若待提取物的溶解度小，则可应用脂肪提取器——索氏提取器（soxhlet extractor，见图 2-15）进行连续多次萃取。索氏提取器由蒸馏烧瓶、提取器、回流冷凝管三部分组成，主要是利用虹吸原理，使固体物质连续不断地被纯的热溶剂所萃取，这样可用少量溶剂完成多次提取，减少了溶剂用量，效率较高，应用范围广。将滤纸做成与提取器大小相应的套袋，然后把固体混合物研细，以增加固-液接触面积。然后将其放入套袋内，封好，防止固体漏出而堵塞虹吸管，套袋不可太小，也不可太大，否则不易放入。套袋高度应低于虹吸管的高度。在蒸馏烧瓶中加入提取溶剂和磁子，连接好蒸馏烧瓶、提取器、回流冷凝管，接通冷凝水，加热。烧瓶内溶剂蒸气通过导气管进入冷凝管，被冷凝成液体后回流，滴入萃取器中，并逐渐累积。此时，套袋中的固体样品被滴入的热溶剂浸泡，样品中的可溶物质就逐渐被提取到溶剂中。当萃取器内的液体高度超过虹吸管上端时，浸泡样品的提取液会通过虹吸流回到烧瓶中，完成一次提取。如此循环往复，萃取物不断在烧瓶内富集，直到可溶物几乎全部被提取出来。一般需要数小时能完成提取，提取液经浓缩蒸馏回收溶剂后，即获得提取物。

提取过程中，要控制温度不能太高，否则可能造成提取物在瓶壁结垢或炭化；溶剂的用量最少必须保持能顺利实现虹吸、回流，最多不能超过蒸馏烧瓶容积的 2/3。

具体实验内容见实验三十。

2.3 蒸馏

实验七　常压蒸馏

一、实验目的

1. 了解蒸馏及常量法测定沸点的意义和用途。
2. 掌握蒸馏及沸点测定原理、仪器装置、操作技术和应用。

二、实验原理

将液体加热至沸腾，变为蒸气，然后使蒸气冷却再凝结为液体，两个过程的联合操作称为蒸馏。蒸馏广泛应用于分离、提纯液体有机混合物，以及将易挥发和不易挥发的物质分开，也可测定纯净液体有机物的沸点。

蒸馏是利用有机物沸点不同从而达到分离提纯目的，在蒸馏过程中低沸点的组分先被蒸出，高沸点的组分后被蒸出。当被蒸馏的液体混合物沸腾时，液体上面的蒸气组成与液体混合物组成不同，蒸气组成富集的是易挥发的组分，即低沸点组分，而不易挥发的组分，即高沸点组分，大多留在原来的液相中。把沸腾时液体上面的蒸气导引出来并冷却收集，这时收集到的液体组成与蒸气组成相同，从而达到分离提纯目的。一般当蒸馏沸点差距显著（相差 30℃以上）的两种液态混合物时，能够得到很好的分离效果，要彻底分离，沸点要相差 110℃。而沸点相差不大，蒸馏的方法分离混合物的组分是不适用的。

纯液态有机化合物在一定压力下具有恒定沸点，从第一滴馏出液开始至蒸馏完全时的温度范围叫作沸程。纯液态有机化合物在蒸馏过程中，其沸点只有很小的变动，沸程一般在 0.5～1.0℃。因此蒸馏可用于测定纯净液体有机物的沸点，又称常量法测沸点。

但具有固定沸点的液体不一定都是纯净物，因为某些有机化合物常与其他组分形成二元或三元共沸混合物（见附录中的七），它们也有一定的沸点。共沸混合物不能利用常压蒸馏的方法将各组分分开，因为在蒸馏时，其蒸气组成与液体组成相同，这就是恒沸现象。有些溶液的恒沸点低于组成溶液的任一纯物质的沸点，称为低恒沸现象。如乙醇-水组成的二元共沸物在常压下的恒沸点是 78.15℃（恒沸物组成为 95.5%乙醇＋4.5%水），低于纯乙醇的沸点 78.3℃和水的沸点 100℃。也有些溶液具有最高恒沸点，如氯仿-丙酮溶液等。

需要注意的是，在加热蒸馏前，应在混合物中引入汽化中心，保证沸腾平稳，否则容易出现“暴沸”现象。原因是：在加热过程中，液体底部和容器玻璃受热的接触面上就有蒸气气泡形成。溶解在液体内部的空气，以及以薄膜形式吸附在瓶壁上的空气，有助于这种气泡的形成，玻璃的粗糙面也起促进作用。这样的小气泡被称为汽化中心，可作为大的蒸气气泡的核心。在沸点时，液体释放大量蒸气至小气泡中，待气泡中的总压力增加到超过大气压，并足够克服由于液柱所产生的压力时，蒸气的气泡就逸出液面，液体就可平稳沸腾。如果液体内部几乎不存在空气，瓶壁又非常光滑和洁净，此时形成气泡就非常困难。这样在加热时，液体温度虽然超过沸点很多，却不沸腾，这种现象称为“过热”。这时，一旦有一个气泡形成，由于液体在此时的蒸气压已远远超过大气压和液柱压力之和，这样就会使得上升的气泡增大得非常快，甚至将液体冲溢出瓶外，这种不正常的沸腾称为“暴沸”。因而在加热前要加入一些助沸物引入汽化中心，以保证平稳沸腾。助沸物一般是表面疏松多孔、吸附有空气的物体，如素瓷片、沸石等，也可用一端封闭的毛细管引入汽化中心。在瓶中加入磁子，边搅拌边加热，也可引入汽化中心。

三、实验试剂和仪器装置

酒精计的使用

1. 试剂

浓度约为50%的乙醇水溶液。乙醇的主要物理常数（文献值）如表 2-4 所示。

表 2-4　乙醇的主要物理常数（文献值）

名称	分子量	性状	折射率	相对密度	熔点/℃	沸点/℃	溶解度/(g/100mL 溶剂)		
							水	醇	醚
乙醇	46.07	液态	1.3600	0.785	−114	78.3	∞	∞	∞

2. 仪器装置

如图 2-16 所示。

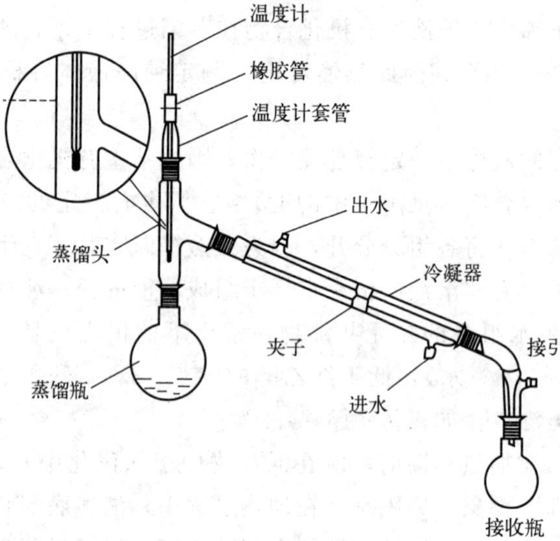

图 2-16　常压蒸馏装置

（1）蒸馏液体的体积不要超过蒸馏瓶容积的 2/3，也不要少于 1/3。蒸馏烧瓶越大，产品损失越多。

（2）冷凝管是凝结蒸气的装置，蒸馏时使用直形冷凝管。直形冷凝管还分为水冷和空气冷两种，水冷适用于沸点低于 130℃的物质；沸点高于此温度的物质，一般需用空气冷凝。若用水冷凝，由于气体温度较高，冷凝管外套接口处因局部骤然遇冷容易破裂。水冷管下端支管为进水口，上端支管为出水口，应该向上放置，可保证夹层中充满冷凝水，使蒸气在冷凝管中充分冷凝为液体。

（3）接引管（尾接管）用于引出冷凝液。蒸馏沸点较高且不需绝对干燥的物质时，可用普通牛角形尾接管；蒸馏沸点较低的物质时，需使用真空尾接管。若需保持蒸馏液体绝对干燥，在支管上要接干燥管。无论使用何种接引管，都必须保证这部分装置连通大气。因为一旦在封闭系统中进行加热蒸馏，随着压力升高，会引起仪器破裂或爆炸。

四、实验步骤

1. 仪器的安装

安装仪器的顺序是自下而上，从左到右，全套仪器装置的轴线要在同一平面内。在铁架台上放好升降台、电热套，根据热源的高度将圆底蒸馏烧瓶用铁夹固定在铁架台上，烧瓶底距电热套锅底 1～2cm。依次连接蒸馏头、温度计（用乳胶管套在套管上），然后把已接通冷凝水的直形冷凝管[1] 用铁夹固定在另一铁架台上，接到蒸馏头上，固定冷凝管的铁夹要在冷凝管接口安装合适后再夹紧；在直形冷凝管尾端安装接引管和接收瓶。

2. 蒸馏操作

（1）加料　在仪器安装完毕后开始加入待蒸馏的液体。取下温度计（连套管），将 60mL 待蒸馏乙醇通过长颈漏斗小心倒入蒸馏烧瓶中，加入 2～3 粒沸石[2] 或磁子。

（2）蒸馏　先向冷凝管中通水，使冷却水保持缓慢流动即可，然后开启电热套加热。随着加热，蒸馏瓶内液体逐渐沸腾，蒸气逐渐上升，在蒸气未达到温度计水银球部位时，温度计读数基本不变，或略有上升。当蒸气上升到温度计水银球部位时，温度计读数急剧上升，水银球部位出现液滴，记录第一滴馏出液进入接收瓶时的温度[3]。

（3）收集馏分[4] 和记录沸点　调节加热速度，使蒸馏速度以每 2～3 秒 1 滴为宜[5]。当温度计稳定时，记录此时的温度 T_1，该温度就是乙醇的沸点[6]。该温度下，95％的乙醇馏分最多，为提高收率且兼顾主馏分的纯度，收集高于沸点 2℃ 间隔的馏分。然后停止加热，蒸馏完毕。测量 T_1～(T_1＋2℃)[6] 范围内的乙醇馏分体积，并用乙醇密度计（比重计）测出该溶液的质量百分浓度，最后将收集液都倒入指定的回收桶中。

（4）蒸馏结束　蒸馏完毕后，移走热源，稍冷却（停止沸腾）后再关闭冷凝水，拆下仪器。拆仪器的顺序与安装仪器的顺序相反。

五、注释

[1] 先用橡胶管将冷凝管与冷凝水接通，测试冷凝水是否能平稳通过冷凝管，然后关闭水龙头，进行冷凝管的安装。

[2] 若开始加热后才发现未加沸石，应立即停止加热，待冷却后再加沸石。在任何情况下，切忌将助沸物加至受热接近沸腾的液体中，否则常因突然放出大量空气而引起“暴沸”，使大量液体从蒸馏瓶口喷出造成危险。如果沸腾中途停止，则

在重新加热前应补加新的沸石。因为沸石在加热时已逐出了部分空气，在冷却时吸附了液体，可能已经失效。

[3] 第一滴馏出液进入接收瓶时温度计的读数不一定与温度计读数稳定时数值一致。

[4] 一般情况下，蒸馏前至少应准备 2 个接收瓶。因为在达到预期沸点前，常有低沸点液体先蒸出，称为前馏分；前馏分蒸完，温度趋于平稳后的馏出液为目标产物，这时应换一个新接收瓶，此时的温度即为所蒸物质的沸点。若所收集馏分的温度范围已有指定，则按照指定温度范围收集。收集沸点范围越小，收集的馏分纯度越高。无论如何，烧瓶中液体不可蒸干，以防烧瓶破裂发生事故。

[5] 本实验中，控制蒸馏速度非常重要，蒸馏速度太快，会导致乙醇蒸气中水的比例过高。另外，蒸馏乙醚等低沸点的有机溶剂时，特别要注意蒸馏速率不能太快，否则冷凝管不能将乙醚全部冷凝下来。应在接引管侧口连接一根橡皮管，使其导入流动的水中，以便把挥发的乙醚带走。因乙醚易燃，乙醚蒸气又比空气重，会积聚在桌面附近，不易散去，如遇明火很容易发生着火事故。

[6] 由于温度计存在误差，实验中温度计稳定时的读数不一定是 78.15℃。因此根据实际情况，观察有馏出液且温度计读数稳定时的温度，即为乙醇的沸点，然后收集高于此温度 2℃间隔的馏分。

六、思考题

1. 什么是蒸馏？蒸馏在有机化学实验中主要有哪些用途？

2. 实验中，如果温度控制不好，蒸出速率太快，对测得的沸点有何影响？温度计液球上端在蒸馏头侧管下端的水平线以上或以下，对测得的沸点又有何影响？

3. 蒸馏时加入沸石的作用是什么？若开始蒸馏加热后，发现未加入沸石，应该怎样处理？当重新蒸馏时，用过的沸石能否继续使用？

实验八 分馏

一、实验目的

1. 了解分馏操作的意义及用途。

2. 掌握实验室常用的简单分馏的装置和操作方法。

二、实验原理

利用蒸馏可以分离两种或两种以上沸点相差较大的液体有机混合物，而对于沸点相差较小或接近的液体混合物，蒸馏很难把各组分完全分离。用多次反复蒸馏的办法虽然理论上可行，但费时多、消耗大，实际上很少采用。此时可采用分馏的方法。

分馏是借助于分馏柱使一系列的蒸馏串联在一起，一次得以完成的多次重复的简单蒸馏。在分馏过程中，混合物蒸气进入分馏柱，受柱外空气冷却，其中较难挥发的高沸点组分遇冷即凝结为液体，而易挥发低沸点组分仍为气体，进入分馏柱。在此过程中，柱内流回的液体和不断上升的蒸气进行热交换，使流回液体中的低沸点组分，遇热蒸气而再次汽化，同时，高沸点液体蒸气在柱内冷凝时放热，使气体中低沸点组分继续保持气体状态在分馏柱内上升。其结果为，上升蒸气中低沸点易挥发组分含量相对增加，而下降的冷凝液中高沸点难挥发组分含量增加，如此连续多次的部分汽化和部分冷凝，即达到了多次蒸馏的效果。这样靠近分馏柱顶部易挥发物质的组分比例高，而在烧瓶里高沸点组分也得到逐步富集。若分馏柱的效率足够高，在分馏柱顶部引出的蒸气就接近于纯净的低沸点组分，最终可将低沸点的物质分离出来。

分馏柱有不同的类型，如刺形柱和填充柱。刺形柱又称韦氏（Vigrex）分馏柱，是一根具有许多交互分布、内凸“锯齿”的玻璃柱。使用时不需要装填料，在分馏过程中残留在柱内的液体少，易于清洗，缺点是柱效率不高。为了减少柱外热量损失、减少不均衡冷却的影响，常用玻璃棉等保温材料包缠柱身。填充分馏柱是在一根空玻璃管中填充诸如玻璃珠、瓷环、金属片等填料的柱子，填充的目的就是要增大气液两相的接触面积，提高分离效率。分馏柱的效率主要取决于柱高、填充物和保温性能。分馏柱越高，分馏效率越高；但是，分馏柱过高会影响蒸馏速度。填充物之间要有一定的空隙，否则气流流动阻力增加，也会影响分离效果。

三、实验试剂和仪器装置

1. 试剂

浓度约为 50％的乙醇水溶液。

2. 仪器装置

如图 2-17 所示。

四、实验步骤

在 100mL 圆底蒸馏烧瓶内加入 60mL 待分馏的乙醇水溶液，加入磁子石，按照图 2-17 安装好仪器[1]。先向冷凝管中通水，使冷却水保持缓慢流动即可，然后开启磁力搅拌和电热套加热。随着加热，蒸馏瓶内液体逐渐沸腾，蒸气逐渐上升，当蒸气上升到温度计水银球部位时，温度计读数急剧上升，当有馏出液进入接收瓶时，调节加热速度，使蒸馏速度为每 2～3 秒 1 滴。当温度计稳定时，记录此时的温度为 T_1 即为乙醇的沸点，收集 T_1～(T_1＋2℃)、(T_1＋2℃)～90℃的馏分[2]。

量出上述两个馏分的体积，并用酒精密度计（比重计）测出该溶液的质量百分浓度。然后将收集液都倒入指定的回收桶中。

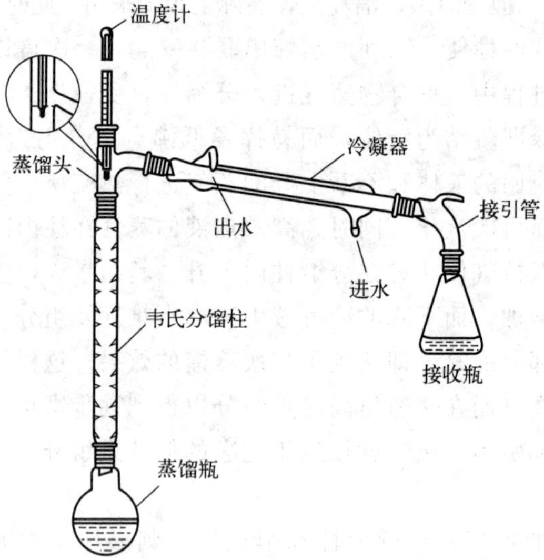

图 2-17　分馏装置

五、注释

[1] 柱的外围可用石棉包裹，减少风和室温的影响，从而减少柱内热量的损失和波动，使分馏操作平稳地进行。

[2] 由于温度计存在误差，温度计稳定时的读数不一定是 78.3℃，实验中，以实际测得的温度为准，然后收集高于此温度 2℃间隔的馏分，更换接收器，收集低于 90℃的馏分。

六、思考题

1. 分馏中，若加热速度过快，分离两种液体的能力会显著下降，试分析其原因。

2. 分馏和蒸馏在原理及装置上有哪些异同？如果是两种沸点很接近的液体组成的混合物，能否用分馏来提纯？

实验九　减压蒸馏

一、实验目的

1. 了解减压蒸馏的原理及用途。

2. 学习掌握减压蒸馏的仪器装置和操作技术。

二、实验原理

液体的沸点随外界施于液体表面压力的降低而降低，因此在蒸馏时，若用真空泵连接盛有液体的容器，使液体表面的压力降低，即可降低液体的沸点，使其在较低温度下实现蒸馏。这种在较低压力下进行的蒸馏操作称为减压蒸馏。

表 2-5 列出了一些有机化合物在不同压力下的沸点。可以看出当压力降低到 20mmHg（1mmHg=133Pa）时，大多数有机物沸点比常压（760mmHg）的沸点低 100～120℃。当减压蒸馏在 10～25mmHg 之间进行时，大体上压力相差 1mmHg，沸点相差约 1℃。

表 2-5　某些化合物在不同压力下的沸点　　单位：℃

压力/Pa(mmHg)	水	氯苯	苯甲醛	水杨酸乙酯	甘油	蒽
101325(760)	100	132	179	234	290	354
6665(50)	38	54	95	139	204	225
3999(30)	30	43	84	127	192	207
3332(25)	26	39	79	124	188	201
2666(20)	22	34.5	75	119	182	194
1999(15)	17.5	29	69	113	175	186
1333(10)	11	22	62	105	167	175
666(5)	1	10	50	95	156	159

减压蒸馏又称真空蒸馏，是分离和提纯液体有机物的又一个重要方法，对于分离提纯沸点较高或由于温度过高而发生氧化、分解或聚合等反应的液态有机化合物具有特别重要的意义。

在进行减压蒸馏前，应先从文献中查阅该化合物在所选压力下的沸点，这对具体操作和选择合适的温度计都有一定的参考价值。如果文献中缺乏此数据，可以用图 2-18 中的“压力-温度关系图”来初步估算该物质在某压力的沸点。

图 2-18 中有三条线，线 A（左边）表示减压下有机物的沸腾温度，线 B（中间）表示有机物的正常沸点，线 C（右边）表示系统的压力。在已知某化合物的正常沸点和蒸馏系统的压力时，连接线 B 上的相应点（正常沸点）和线 C 上的相应点（系统压力）的直线与左边的线 A 相交，交点即为此系统压力下该有机物的沸点。即从某一压力下的沸点便可近似地推算出另一压力下的沸点（近似值）。如某有机化合物常压下沸点为 250℃，要减压到 20mmHg，可先从图 2-18 中间的直线上找出 250℃的点，将此点与右边直线上的 20mmHg 的点联成一直线，延长此直线与左边的直线相交，交点所示的温度就是 20mmHg 时某一有机化合物的沸点，约为 130℃。此法得出的沸点虽为估计值，但较为简便，实验中有一定参考价值。反过来，若希望在某安全温度下蒸馏有机物，根据此温度及该有机物的正常沸点，可以连一条直线交于右边的线 C 上，交点指出此操作必须达到的系统压力。

某种物质一定压力下的沸点还可以近似地从下列公式算出：

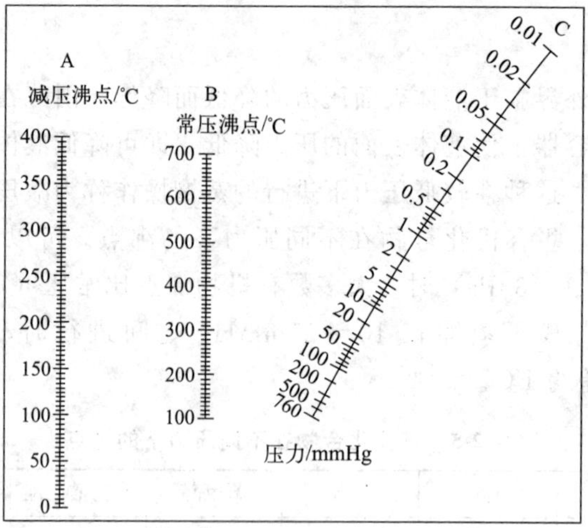

图 2-18 液体在常压、减压下的沸点近似关系图（1mmHg=133Pa）

$$\lg p = A + \frac{B}{T}$$

式中，p 为蒸气压；T 为沸点（热力学温度）；A，B 为常数。如以 $\lg p$ 为纵坐标，$1/T$ 为横坐标，可以近似地得到一条直线。从两组已知的压力和温度可以算出 A 和 B 的数值。再将所选择的压力代入上式即可算出液体的沸点。但实际上许多化合物沸点的变化与此公式的计算结果有偏差，这主要是化合物分子在液体中的缔合程度不同造成的。

三、实验试剂和仪器装置

1. 试剂

10mL 粗苯甲醛，物理常数（文献值）见表 2-6。

表 2-6 苯甲醛的物理常数（文献值）

名称	分子量	性状	折射率	相对密度	熔点/℃	沸点/℃	水中溶解度
苯甲醛	106	无色透明液体	1.5463	1.04～1.046	－26	179	微溶

2. 仪器装置

如图 2-19 所示。

装置主要由蒸馏、抽气（减压）、安全保护和测压四部分组成。蒸馏部分由蒸馏瓶、克氏蒸馏头、毛细管、温度计、冷凝管和接收器等组成。抽气部分实验室通常用水泵或油泵进行减压（现在的抽气装置上常带有测压装置）。

蒸馏部分与简单蒸馏装置的差别在于增加了一个 Y 形管[1]（它与蒸馏头一起相当于克氏蒸馏头）。Y 形分支将蒸馏烧瓶与冷凝管分开，以防减压情况下容易形成暴沸而将蒸馏液冲入冷凝管中。在减压蒸馏时碎瓷片没有防暴沸作用，因为在减

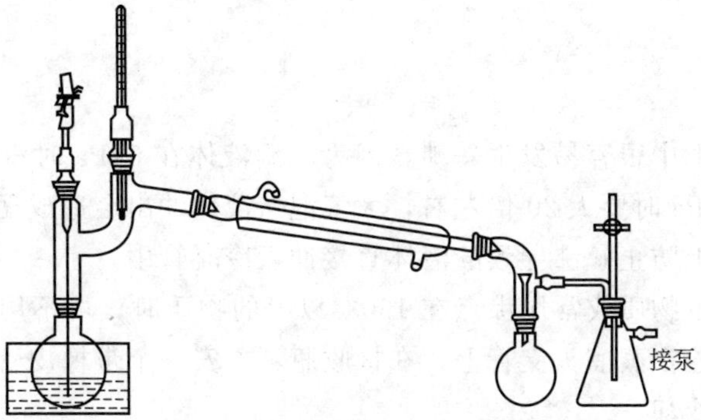

图 2-19　简易减压蒸馏装置

压情况下汽化中心在液体沸腾以前就已经消失。为确保形成汽化中心，在克氏蒸馏头上接一根带塞子的玻璃管，拉成毛细管的一端插入液面下，上端套上橡皮管和螺旋夹以便于控制气泡的大小。也可以用磁力搅拌器带动搅拌子旋转以防止局部过热产生暴沸。

接收器可用蒸馏烧瓶或吸滤瓶，但不能使用平底烧瓶或锥形瓶，否则由于受力不均容易炸裂。若要收集不同馏分，可用多尾接收管，多尾接收管的几个分支管与圆底烧瓶连接起来。转动多尾接收管，就可以使不同馏分进入指定的接收瓶中。

蒸馏时应控制热浴温度，使其比液体沸点高 20～30℃。如果蒸馏的少量液体沸点较高，最好用石棉布包裹克氏蒸馏头，以减少热量的损失[2]。

减压装置通常可以用水泵或油泵[3]。在接收瓶与减压装置间还应接上一个安全瓶，瓶上有两通活塞来调节系统压力。安全瓶也可防止压力降低时，水流倒吸。

四、实验步骤

按图 2-19 安装好减压蒸馏装置后，先检查系统是否漏气。方法是：关闭安全瓶上的二通旋塞，开启抽气泵，旋紧毛细管上螺旋夹，减压至压力稳定后，夹住连接抽气系统的橡皮管，观察压力计是否有变化，无变化说明不漏气；有变化时需仔细检查整个减压蒸馏系统，一般磨口仪器的所有接口都必须用真空脂润涂好。待检查处理妥当后，打开安全瓶上的二通旋塞通大气。

小心取下固定毛细管的套管，通过长颈漏斗向烧瓶中加入 10mL 粗苯甲醛，塞好套管，开动抽气泵，逐渐关闭安全瓶上的二通旋塞，慢慢引进少量空气以调节到所需要的真空度。调节毛细管导入的空气量，以能冒出一连串小气泡为宜。当压力稳定后，开始加热。液体沸腾后，应注意控制温度，并观察沸点变化情况。待沸点稳定时，记录平稳馏出温度，转动多尾接管接收馏分。在蒸馏过程中保持蒸馏速度为每 2～3 秒 1 滴。

蒸馏完毕，先停止加热，移去热源，慢慢旋开夹在橡皮管上的螺旋夹，待蒸馏瓶稍冷却后再缓缓打开安全瓶上的二通旋塞，平衡内外压力，然后才关闭抽气泵[4]。

五、注释

[1] 减压蒸馏中很容易发生暴沸，因为一滴液体在5kPa时汽化形成的蒸气体积比在101.325kPa时要大20倍左右，大气泡从液体冲出会造成猛烈的飞溅。Y形管可在一定程度上防止暴沸导致的液体直接冲入冷凝管中。

[2] 蒸馏少量物质或常压沸点在150℃以上的物质时，可不用冷凝管，直接将接收管和接收瓶连在蒸馏头支管上，在接收瓶下方安一个带橡皮管的漏斗，并向接收瓶上缓缓通水冷却。

[3] 使用油泵进行减压蒸馏前，应先进行普通蒸馏，除去低沸点物质，必要时也可先用水泵减压蒸馏。加热温度以产品不分解为原则。在烧瓶中加入的待蒸馏的液体，体积不超过蒸馏瓶的一半。

[4] 蒸馏结束或蒸馏过程中需要中断时均应先移去热源，打开毛细管上的螺旋夹，待蒸馏瓶冷却后，缓慢打开安全瓶上的二通旋塞解除真空，方可关闭抽气泵，否则由于系统中压力低，有倒吸的可能。

六、思考题

1. 什么情况下才用减压蒸馏？
2. 减压蒸馏操作中采取什么方法可以防止暴沸？

实验十 水蒸气蒸馏

一、实验目的

1. 了解水蒸气蒸馏的基本原理、应用范围和被蒸馏物应具备的条件。
2. 熟练掌握水蒸气蒸馏的仪器组装和操作方法。

二、实验原理

水蒸气蒸馏是将水蒸气通入不溶或微溶于水的有机物中，使其与水经过共沸而蒸馏出来的实验操作。水蒸气蒸馏是分离和纯化有机物常用的方法之一，许多不溶或微溶于水的有机物，无论是固体还是液体，只要在100℃具有一定的蒸气压，即有一定的挥发性，就可与水在100℃左右同时蒸馏出来，达到分离提纯的目的。此法常用于下列几种情况：

(1) 某些沸点高的有机物，用常压蒸馏虽可与副产物分离，但易被破坏；

(2) 混合物中含有大量树脂状杂质或不挥发性杂质，采用蒸馏、萃取等方法都难以分离；

(3) 从固体多的反应混合物中分离被吸附的液体产物。

被提纯化合物应具下列条件：

(1) 不溶或微溶于水；

(2) 长时间与水共沸腾时与水不发生化学反应；

(3) 在 100℃ 左右时，必须具有一定的蒸气压，一般不小于 10mmHg (1.33kPa)。

水蒸气蒸馏的基本原理为：

当水和不溶（或难溶）于水的化合物一起存在时，整个体系的蒸气压力根据道尔顿分压定律，应为各组分蒸气压之和，即：

$$p = p_A + p_B$$

式中，p 为总的蒸气压；p_A 为水的蒸气压；p_B 为与水不相混溶物质的蒸气压。

给体系加热，当混合物中各组分的蒸气压总和等于外界大气压时混合物沸腾，此时其中各组分的蒸气压或水的蒸气压都小于外压，沸腾体系的温度低于水的沸点。图 2-20 是水和溴代苯（常压沸点 156℃）这个互不相溶混合物的蒸气压与温度关系的曲线图。混合物在 95℃左右沸腾，即在该温度时总蒸气压等于大气压。此温度低于这个混合物中沸点最低的组分——水的沸点（100℃）。

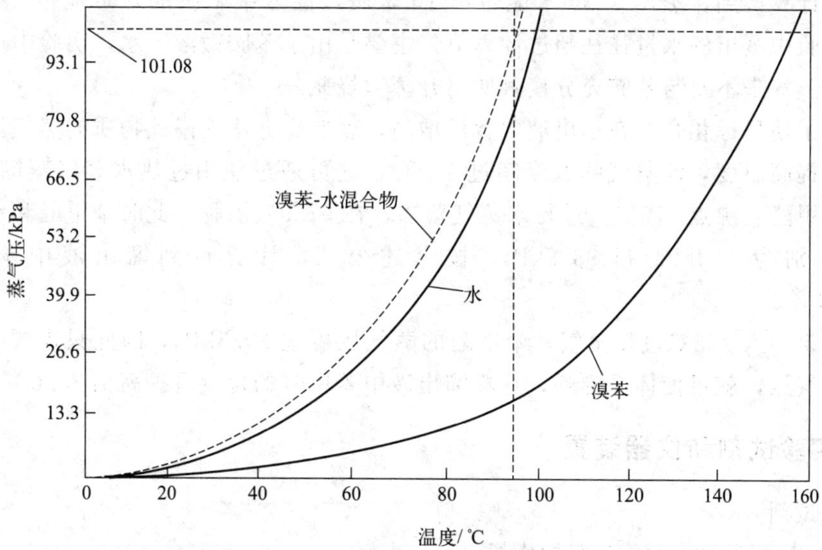

图 2-20　水和溴代苯的蒸气压和温度关系的曲线图

常压下应用水蒸气蒸馏，混合物蒸气压中各气体分压之比（p_A/p_B）等于它们的物质的量之比，即

$$\frac{n_A}{n_B}=\frac{p_A}{p_B}$$

式中，n_A 为蒸气中含 A 的物质的量；n_B 为蒸气中含 B 的物质的量。而式中

$$n_A=\frac{m_A}{M_A} \qquad n_B=\frac{m_B}{M_B}$$

m_A、m_B 为 A、B 在蒸气中的质量；M_A、M_B 为 A、B 的摩尔质量。因此

$$\frac{m_A}{m_B}=\frac{M_A n_A}{M_B n_B}=\frac{M_A p_A}{M_B p_B}$$

可见，这两种物质在馏出液中的相对质量（即在蒸气中的相对质量）与它们的蒸气压和摩尔质量的乘积成正比。

以苯胺为例，其常压沸点为 184.4℃，且和水不混溶。当和水一起加热到 98.4℃时，苯胺和水的蒸气压分别为 5.6kPa（43mmHg）和 95.4kPa（717mmHg），它们的总压力接近大气压力，于是液体就开始沸腾，苯胺和水蒸气一起被蒸馏出来，水和苯胺的摩尔质量分别为 18g/mol 和 93g/mol，带入上式：

$$\frac{m_A}{m_B}=\frac{M_A n_A}{M_B n_B}=\frac{M_A p_A}{M_B p_B}$$

从计算得到，蒸出 3.3g 水能带出 1g 苯胺，馏液中苯胺的含量应占 23.3%。但在实验中蒸出的水量往往超过计算值，主要是由于苯胺微溶于水，实验中还有一部分水蒸气来不及与苯胺充分接触便离开蒸馏烧瓶。

为了使目标化合物在馏出液中含量增高，就要想办法提高此物质的蒸气压，也就是要提高温度，使蒸气的温度超过 100℃，这可通过使用过热水蒸气蒸馏实现。例如苯甲醛（沸点 179℃）进行水蒸气蒸馏，在 97.9℃沸腾，此时苯甲醛和水的蒸气压分别为 7.5kPa 和 93.8kPa，按上述公式，计算得到馏出液中苯甲醛占 32.1%。

如果导入 133℃过热蒸气，苯甲醛的蒸气压可达 29.3kPa，因此只需要 72kPa 的水蒸气压，就可使体系沸腾，这样馏出液中苯甲醛的含量可提高到 70.6%。

三、实验试剂和仪器装置

1. 试剂

10mL 粗苯胺、10mL 粗柠檬烯。

2. 仪器装置

常用水蒸气蒸馏装置包括水蒸气发生器、蒸馏装置两部分组成，如图 2-21（a）所示。也可使用简易的水蒸气蒸馏装置［图 2-21（b）］。

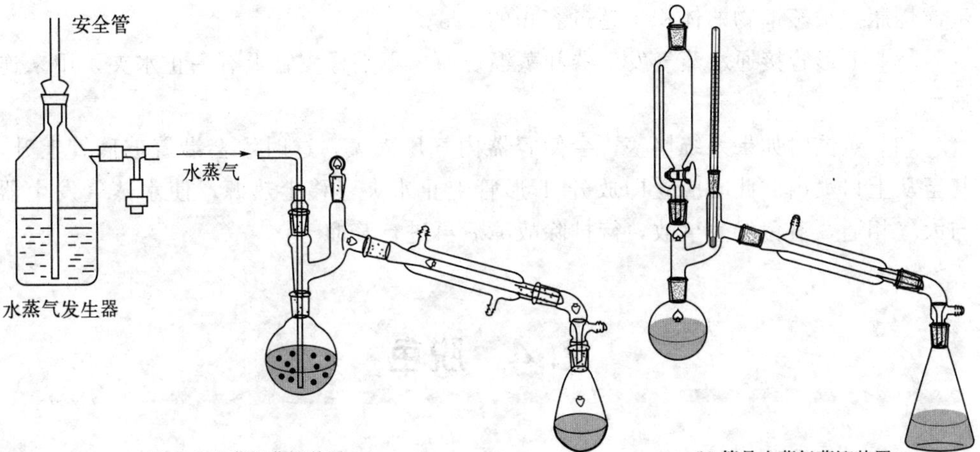

图 2-21 少量物质水蒸气蒸馏装置

四、实验步骤

1. 柠檬烯的水蒸气蒸馏

按图 2-21（b）所示搭建简易水蒸气蒸馏装置。在 100mL 两颈烧瓶中加入 10mL 粗柠檬烯、50mL 水和磁子，在恒压滴液漏斗中加入 50mL 水，保证体系通大气，接通冷凝水，对烧瓶进行加热并进行磁力搅拌。随着加热的进行，烧瓶内液体逐渐沸腾，控制蒸馏速度为 2 秒 1 滴，待温度稳定 1～2 分钟后，读取温度计读数，即为柠檬烯与水的混合物沸点。当烧瓶中液体不足 30mL 时，通过恒压滴液漏斗补加约 30mL 水，观察到馏出液不再浑浊时停止加热。将接收瓶中的液体混合物转移到 125mL 分液漏斗中进行分液操作（具体操作见 2.2.1），上层柠檬烯从上口倒入 50mL 锥形瓶中。分别称量馏出液中水和柠檬烯的质量，计算柠檬烯含量，并与理论值对比。(柠檬烯 b. p. 176～177℃，相对密度为 0.842。)

2. 苯胺的水蒸气蒸馏

按图 2-21（a）所示安装好装置，向圆底烧瓶中加入待蒸馏的 10mL 粗苯胺[1]，将烧瓶固定在铁架台上，小心套上水蒸气引导管，导管的末端要接近容器底部。加热水蒸气发生器至产生大量蒸气，旋紧 T 形管[2]上止水夹，观察蒸气导入蒸馏烧瓶中状况及瓶中沸腾状况，注意水蒸气发生器上的安全管水位是否异常升高[3]。蒸馏持续一段时间，调节加热速度，控制蒸馏速度每秒 2～3 滴，至馏出液变清后，再多蒸出约 10mL 清液。停止时先旋开 T 形管上的止水夹，移开热源，防止蒸馏烧瓶中发生倒吸。蒸出的苯胺沉在水底。将蒸馏收集到的液体混合物倒入分液漏斗中，静置分层，分出下层苯胺。

五、注释

[1] 水蒸气发生器通常盛水量以其容积的 3/4 为宜，如果太满，沸腾时将冲至

蒸馏烧瓶。被蒸馏物的体积不超过容积的 1/3。

[2] T 形管接通水蒸气发生器和蒸馏烧瓶，下端橡皮管上有一止水夹，用来连通大气。

[3] 蒸馏时如果系统堵塞，会使容器内气压太大，这时水会沿着玻璃管上升，甚至从上口喷出。此时应立即放开 T 形管上止水夹，移走热源，使水蒸气发生器与大气相通，避免发生事故，待排除故障后再进行蒸馏。

2.4 脱色

当溶液中含有带色的杂质或少量树脂状物质时，向溶液中加入吸附剂并适当煮沸（一般煮沸 5～10min），使其吸附掉样品中的杂质的过程叫脱色。在有机化学反应中，常伴随着副反应的发生，产生树脂状的有色杂质，在重结晶操作过程中，常常利用活性炭来吸附有色杂质。除活性炭脱色外，也可采用色谱柱来脱色，如氧化铝吸附色谱等。

活性炭是一种黑色粉状、粒状或丸状的无定形的、具有多孔结构的碳，其主要成分为碳，还含少量氧、氢、硫、氮、氯，也具有石墨那样的精细结构。但活性炭晶粒较小，层与层间不规则堆积。粉末状活性炭的内比表面积较颗粒状活性炭大得多，具有更好的脱色效果。活性炭极丰富的微孔和巨大的内比表面积（通常它的比表面积可达 $500 \sim 1000 m^2/g$）使得它具有吸附能力强、吸附容量大、表面活性高等特点，且价廉易得，从而成为独特的多功能吸附剂。

(1) 活性炭脱色的基本原理　是用吸附的方法除去化合物样品中的杂质。但只有将待纯化的固体物质溶解成为分子，才能利用活性炭更有效地将杂质分子吸附。其原因在于活性炭只能以分子吸附的方式吸附杂质。因此，一般是先用适当溶剂将固体样品溶解，加入吸附剂，加热煮沸片刻，杂质即被吸附剂吸附，然后过滤，被吸附的杂质即与吸附剂一起留在滤纸上，与样品分离。

(2) 活性炭脱色效果的影响因素　活性炭脱色的效果受活性炭自身粒度、被吸附物质的性质、溶剂的极性以及处理液体的 pH 值、黏度、温度等的影响。

① 活性炭吸附剂的性质　活性炭表面积越大，吸附能力就越强。活性炭吸附剂颗粒的大小、微孔的构造和分布情况以及表面化学性质等对吸附也有很大的影响。

② 被吸附物质的性质　被吸附物质的溶解度、表面自由能、极性、分子的大小和不饱和度、浓度等也影响脱色的效果。活性炭是非极性分子，其吸附作用具有选择性，非极性物质比极性物质更易于被吸附。

③ 溶剂的极性　当溶剂为水、醇等极性液体时，活性炭的吸附效果良好。因为活性炭对于极性的溶剂吸附作用甚弱，而样品和杂质的极性一般都小于水的极

性，所以可受到较强的吸附。如果活性炭对样品和对杂质的吸附能力相当，势必会在脱色过程中造成样品的损失。由于杂质含量很低，即使与样品等量消耗，也仍然是可行的。

④ 处理液体的pH值　活性炭一般在酸性溶液中比在碱性溶液中有较高的吸附率，这表示在酸性溶液中，活性炭带正电，而被吸附物质带负电。如被吸附的物质是两性电介质，在等电点附近的吸附能力最大。

⑤ 处理液体的黏度与温度　活性炭的吸附一般属于物理吸附，温度越低吸附能力越大。但当被吸附物质中大分子量成分多的时候，处理液体的黏度变大，对被吸附物质在活性炭中的扩散产生比较大的影响。

⑥ 吸附时间　应保证活性炭与被吸附物质有一定的接触时间，一般加入活性炭后要煮沸5～10min，使吸附接近平衡，充分利用吸附能力。

(3) 活性炭脱色操作注意事项

① 根据杂质颜色深浅确定活性炭用量，一般为固体物质质量的1%～5%。用量过多会因其对目标物的过量吸附而造成损失；若用量不够导致脱色不净，可以再重复操作，直至脱净。

② 不能向正在沸腾的溶液中加入活性炭，活性炭是多孔性物质，加入沸腾的溶液中会引起溶液暴沸使溶液溅出，造成危险。加入活性炭后不断搅拌，加热煮沸5～10min。过滤时选用的滤纸要紧密，以免活性炭透过滤纸进入溶液中，如发现透过滤纸应加热微沸后重新过滤。

③ 活性炭在水溶液中进行脱色效果最好，它也可在其他溶剂中使用，但在烃类等非极性溶剂中效果较差。

2.5 干燥和干燥剂的使用

干燥是指除去附在固体、混杂在液体或气体中的少量水分和少量溶剂。干燥是有机实验中最普通和最常用的基本操作之一。有机化合物在定性或定量分析以及在测定熔点之前都务必进行干燥处理才能得到准确的实验结果；需要在“绝对”无水条件下进行的化学反应，也需对原料、溶剂和容器进行干燥，同时在实验过程中还要防止空气中的水进入反应容器。

干燥剂的使用

有机化合物的干燥方法大致分物理方法和化学方法两种。物理方法又包括真空干燥、气流干燥、微波干燥以及吸附、晾干、分馏、共沸蒸馏等方法。现在实验室还常用离子交换树脂和分子筛进行脱水干燥。离子交换树脂是一种不溶于水、酸、碱和有机物的高分子聚合物，内有很多空隙，可以吸附水分子。分子筛是多孔硅铝酸盐的晶体，晶体内部有许多孔径大小均一的孔道和占本身体积一半左右的孔穴，它允许小的分子“躲”进去，从而达到将不同大小的分子“筛分”的目的。市售的有不同微孔表观直径的分子筛，如4A型分子筛、5A型分子筛等。吸附水分子后的分子筛可经加热至350℃以上进行解吸后重新使用。

化学方法是以干燥剂去水，去水作用又可分为两类：第一类是干燥剂能与水发生可逆反应，形成水合物，如无水氯化钙、硫酸镁、硫酸钙等；第二类是干燥剂能与水发生化学反应而生成一个新的化合物，如金属钠、氧化钙、五氧化二磷等。例如：

$$CaCl_2+6H_2O \longrightarrow CaCl_2\cdot 6H_2O \text{（第一类干燥剂）}$$

$$CaO+H_2O \longrightarrow Ca(OH)_2 \text{（第二类干燥剂）}$$

应用干燥剂时要注意以下几个问题：①因为是可逆反应，形成的水合物根据其组成在一定温度下保持恒定的蒸气压，与被干燥的液体和干燥剂的相对量无关，无论加入多少干燥剂，在室温下所达到的蒸气压不变，所以不能将水全部除尽，因此干燥剂的加入量要适当，一般为5%左右；②干燥剂只适用于干燥含有少量水的液体化合物，如果有大量水，必须在干燥前设法除去；③温度升高会导致吸水的干燥剂再次脱水，所以在蒸馏前，必须将干燥剂滤除；④干燥剂形成水合物达到平衡需要一定的时间，因此，加入干燥剂后，至少要放置1～2h。

2.5.1 液态有机化合物的干燥

（1）干燥剂的选择

① 液态有机化合物的干燥，通常是将干燥剂加入其中，故所用的干燥剂必须不与有机化合物发生化学反应或催化作用。

② 干燥剂应不溶于液态有机化合物中。

③ 当选用与水结合生成水化物的干燥剂时，必须考虑干燥剂的吸水容量和干燥效能。吸水容量是指单位质量干燥剂吸水量的多少，干燥效能指达到平衡时液体被干燥的程度。例如，无水硫酸钠可形成水合物 $Na_2SO_4\cdot 10H_2O$，这样1g $NaSO_4$ 最多能吸1.27g水，其吸水容量为1.27，但其水合物的水蒸气压较大，25℃时有0.25kPa，液体中水的含量较大，故干燥效能差。无水氯化钙能形成水合物 $CaCl_2\cdot 6H_2O$，其吸水容量仅为0.97，但此水化物在25℃水蒸气压低到只有0.04 kPa，所以尽管无水氯化钙的吸水容量不大，但干燥效能较好。所以干燥操作时应根据除去水分的具体要求而选择合适的干燥剂。常用干燥剂的性能如表2-7所示。通常这类干燥剂形成水合物需要一定的平衡时间，加入干燥剂后必须放置足够的时间才能达到良好的脱水效果。

表 2-7 常用干燥剂的性能

干燥剂	干燥效能和干燥速度	适用有机物的类型
浓硫酸	强；快	饱和烃、卤代烃
五氧化二磷	强；快	烃、卤代烃、醚

续表

干燥剂	干燥效能和干燥速度	适用有机物的类型
氢氧化钠(钾)	强;快	烃、醚、胺
金属钠	强;快	烃、醚、叔胺
氧化钙	强;较快	低级醇、胺
无水碳酸钾(钠)	较弱;慢	醇、酮、酯、胺
无水氯化钙	中等;较快,放置时间长	烃、卤代烃、酮、醚、硝基化合物
无水硫酸镁	弱;较快	醇、酮、醛、酸、酯、酰胺、腈、硝基化合物
无水硫酸钠	弱;慢	醇、酮、醛、酸、酯、酰胺、腈、硝基化合物
分子筛(3A、4A、5A)	强;快	各类有机溶剂

(2) 干燥剂的用量　掌握好干燥剂的用量很重要。若用量不足，则达不到干燥的目的；若用量太多，会由于干燥剂的吸附而造成被干燥物的损失。例如室温时水在乙醚中的溶解度为1%～1.5%，若用无水氯化钙来干燥100mL含水的乙醚时，全部转变成$CaCl_2 \cdot 6H_2O$，其吸水容量为0.97，也就是说1g无水氯化钙大约可吸收0.97g水。无水氯化钙的理论用量至少要1g，而实际上远远超过1g，这是因为醚层的水分不可能完全分净，还会有悬浮的微细水滴；其次形成高比例水合物的时间很长，往往不可能达到理论上的吸水容量，所以实际投入的无水氯化钙是大大过量的。

可通过查阅溶解度手册来估算干燥剂的用量。在实际操作中，一般每10mL液体约需0.5～1g干燥剂。但干燥剂质量和颗粒大小不同，干燥温度不同，待干燥的液体产品中含水量也不同，因此一般应分批加入干燥剂，每次加入后要振摇并细致观察，如投入干燥剂后出现水相，必须用吸管把水吸出，然后再添加新的干燥剂；如出现干燥剂附着器壁或相互黏结，说明干燥剂用量不够，应再添加干燥剂，直到出现不吸水的、松动的干燥剂颗粒。

干燥前，有时液体会呈浑浊状，经干燥后变成澄清，这可简单地作为水分基本除去的标志。

(3) 干燥时的温度　对于可生成水合物的干燥剂，虽然加热可以加快干燥速率，但远不如水合物放出水的速率快，因此干燥常在室温下进行。

(4) 液态有机化合物的干燥操作　液态有机物的干燥一般在干燥的具塞三角烧瓶内进行。干燥前先用分液漏斗将水分尽可能沥干净，以没有任何可见的水层及悬浮水珠为准，然后将液体移入磨口锥形瓶内。干燥剂的加入应遵循少量分批的原则：先将少量干燥剂投入液体里，盖上塞子。振摇片刻后静置，如果发现干燥剂附着瓶壁，互相黏结，通常表示干燥剂不够，继续加入，重复操作，至有散状的干燥剂出现，表示干燥剂已加够量。如果有机液体中存在较多的水分，这时可看到水层，应将干燥剂滤出，用吸管吸出水层，再加入新的干燥剂。干燥时间应在半个小时以上，如有条件最好放置过夜，并随时加以振摇。将干燥好的液体通过置有折叠滤纸或一小团脱脂棉的漏斗直接滤入烧瓶内（图2-22），再进行蒸馏等操作。

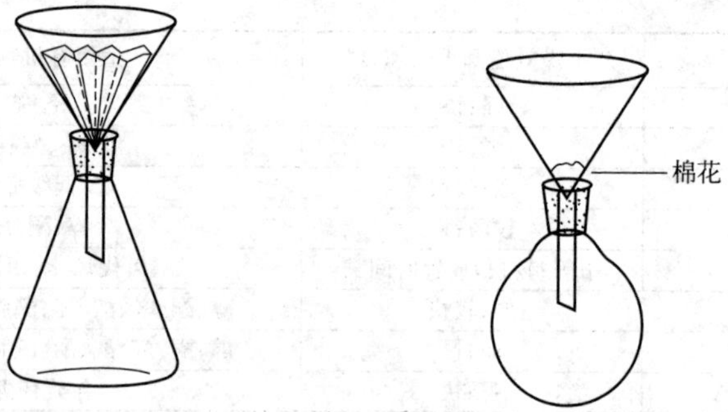

图 2-22　干燥剂的过滤

2.5.2　固体的干燥

从重结晶得到的固体常带水分或有机溶剂，应根据化合物的性质选择适当的方法进行干燥。

（1）自然晾干　这是最简便、最经济的干燥方法。把待干燥的固体置于瓷孔漏斗中的滤纸上；或在滤纸上面压干，然后在一张新的滤纸上面薄薄地摊开，用另一张滤纸覆盖起来，以防污染，让它在空气中自然干燥，约需数日。若实验时间允许，可采用此法，但被干燥的样品应该是稳定、不分解、不吸潮的。

（2）红外灯下干燥　固体中如果有不易挥发的溶剂时，为了加速干燥，常用红外灯干燥，其特点是穿透性强、干燥速度快。干燥的温度应低于晶体的熔点，干燥时旁边可放一支温度计，以便控制温度。要随时翻动固体，防止结块。但对于常压下易升华或热稳定性差的结晶不能用红外灯干燥，使用时严防水滴溅在灯泡上而发生炸裂。

（3）加热干燥　对于热稳定性好、熔点较高的固体化合物可以放在烘箱内烘干，也可将样品置于表面皿（或蒸发皿）内，放到水浴上、沙浴上烘干。加热的温度切忌超过该固体的熔点，以免固体变色和分解。如有条件则可在真空恒温干燥箱中干燥。

（4）干燥器干燥　对易吸湿或在较高温度干燥时会分解或变色的物质，可用干燥器干燥。干燥器有普通干燥器和真空干燥器两种。普通干燥器干燥效率不高，所需时间较长。真空干燥器如图 2-23 所示，其底部放置干燥剂，中间隔一个多孔瓷板，把待干燥的物质放在瓷板上，顶部装有带活塞的玻璃导气管，由此处连接抽气泵，使干燥器压力降低，从而提高了干燥效率。使用前必须试压，试压时用网罩或防爆布盖住干燥器，然后抽真空，关上活塞放置过夜。使用时，必须十分注意，防止干燥器炸碎时玻璃碎片飞溅而伤人。解除器内

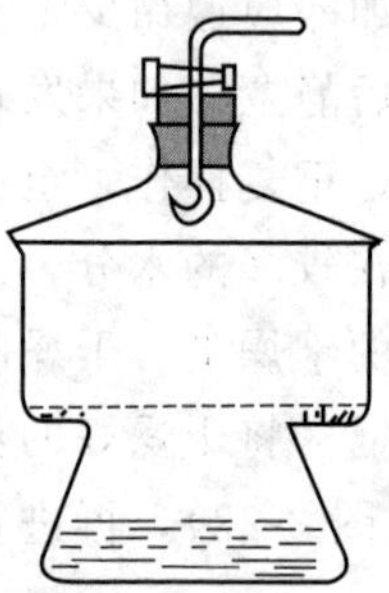

图 2-23　真空干燥器

真空时，开动活塞放入空气的速度要慢，以免吹散被干燥的物质。少量样品的干燥，可选用真空干燥器。它的干燥效率高，用于除去结晶水或结晶醇时此法更好。

2.5.3 气体的干燥

N_2、O_2、Cl_2、H_2、NH_3 及 CO_2 气体是有机化学实验中常用的气体。实验中有时要求气体中几乎不含或含很少的某种气体，就需要对上述气体进行干燥处理。干燥气体主要用吸附法，常用的仪器有各种洗气瓶（用来装液体干燥剂）、干燥管及 U 形管等。常用于气体干燥的干燥剂有很多，如 CaO、NaOH、KOH 及碱石灰，可用于干燥 NH_3；无水 $CaCl_2$ 用于干燥 H_2、HCl、CO_2、SO_2、低级烷、醚、烯烃及卤代烃等；另外还有浓 H_2SO_4、P_2O_5、$CaBr_2$、$ZnBr_2$、CaI_2 及碱石灰等，可依据待干燥的气体的性质及反应条件等来选用干燥剂。

2.6 过滤

过滤是将固体和液体混合物进行分离的有效方法。在有机化学实验中，一般用于除掉液体中的固体干燥剂（通常采用常压过滤，又称普通过滤），或者除掉不溶杂质以及脱色剂（通常进行热过滤），以及在重结晶中用来分离母液和结晶（通常采用减压过滤）。

2.6.1 常压过滤

常压过滤即普通过滤，是借助于重力作用而实现过滤目的的。通常用 60°角的圆锥形玻璃漏斗，内放滤纸，其边缘应比漏斗边缘略低。操作时先将滤纸折叠成适宜角度，放入漏斗并润湿，然后过滤。倾入漏斗的液体液面应比滤纸边缘低 1cm。

过滤分离有机溶剂中的大颗粒结晶或干燥剂时，可在漏斗锥底上铺垫脱脂棉或玻璃毛以代替滤纸。若过滤沉淀物颗粒细小或有黏结性，应先将溶液静置，使沉淀沉降，再小心地将上层清液倒入漏斗，最后将沉淀部分倒入漏斗。这些措施都可以使过滤速度加快。

2.6.2 减压过滤（抽气过滤）

减压过滤是指通过减压系统的工作，使得与过滤漏斗密闭连接的抽滤瓶中形成真空，是借助于大气压的作用加快过滤的一种操作过程。具体操作如下：

（1）安装仪器　过滤装置由减压系统、过滤装置和接收容器组成，如图 2-24 所示。减压系统一般由安全瓶和水泵构成；过滤装置常用瓷质布氏漏斗和玻璃砂芯漏斗，配以橡皮塞，安装在抽滤瓶上；接收容器常用抽滤瓶。抽滤瓶支管与安全瓶相连，安全瓶与水泵相连，选用厚壁橡皮管进行相互连接。

微量物质的减压过滤是用带玻璃钉的小漏斗组成的过滤装置。

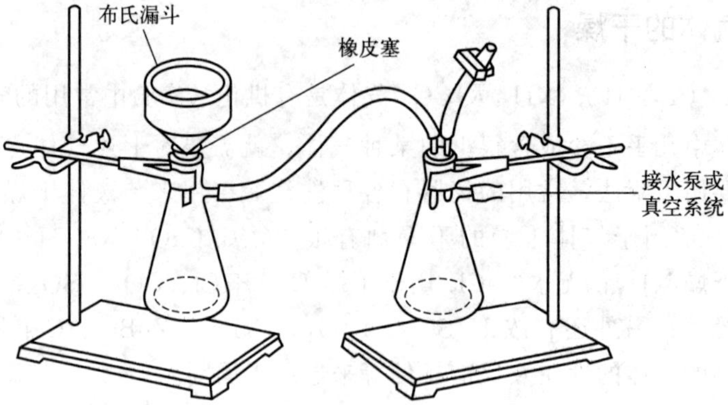

图 2-24 减压过滤装置

(2) 过滤操作 先剪好比布氏漏斗内径略小（滤纸的边缘不能与布氏漏斗内径接触）但能完全盖住所有小孔的圆形滤纸，将其平铺在漏斗底部。先用溶剂润湿，再开启水泵，使滤纸紧贴在漏斗底，以免混合物不经滤纸而直接漏入接收容器。玻璃砂芯漏斗不需要滤纸。

过滤时，先小心地将要过滤的混合物的上清液倒入漏斗中，然后使剩余部分均匀地分布在整个滤纸面上，一直抽气到几乎没有溶剂流出为止。为尽量除净溶剂，可用玻璃瓶塞压挤滤饼。

在漏斗中洗涤滤饼时，先将滤饼尽量地抽干，然后旋开安全瓶上的旋塞使系统恢复常压，关闭水泵。把少量溶剂均匀地洒在滤饼上，使溶剂液面恰能盖住滤饼，小心拨动滤饼并静置片刻，使溶剂渗透滤饼。待有滤液从漏斗下端滴下时，重新开动减压泵，再把滤饼尽量抽干、压干。这样反复几次，就可把滤饼洗净。

减压过滤的优点是过滤和洗涤的速度快，液体和固体分离得较完全，滤出的固体容易干燥。强酸性或强碱性溶液过滤时，应在布氏漏斗上铺上玻璃布或涤纶布来代替滤纸。

2.6.3 热过滤

热过滤可以除去一切不溶于热溶剂中的杂质，这种操作要求在过滤时，滤液迅速通过滤纸，而温度基本不变，从而避免晶体析出。热过滤可用热水漏斗完成。热水漏斗是铜制的，内外壁间有盛水的空腔，热水漏斗中插一个玻璃漏斗，如图 2-25 所示。

加热过滤时为不使滤纸贴在玻璃漏斗壁上，提高过滤效率，可使用折叠滤低，折叠方法如下：

先将滤纸对半折叠，再折成四分之一，打开，再以 2 对 3 折出 4，以 1 对 3 折

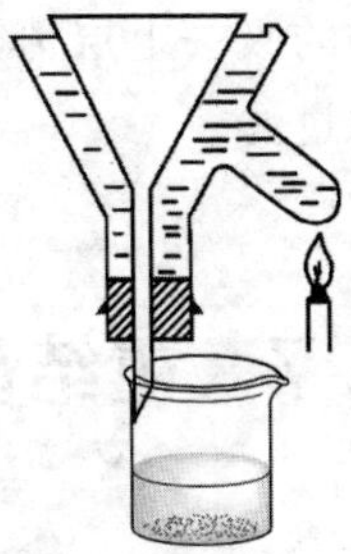

图 2-25 热过滤装置

出 5，如图 2-26(a)所示；再以 2 对 5 折出 6，以 1 对 4 折出 7，如图 2-26(b)所示；再以 1 对 5 折出 9，以 2 对 4 折出 8，如图 2-26(c)所示；然后向同方向折叠，叠出同向卷曲的 8 等分，如图 2-26(d)所示。

将此滤纸拿在左手上，以 2 对 8、8 对 4、4 对 6，以及 6 对 3 等各向反向折叠，如同折扇一样，如图 2-26(e)所示；然后打开滤纸，将 1 及 2 处折叠为二，如图 2-26(f)所示；最后用力将各处折痕用力压叠，再打开，即可放在漏斗中使用，如图 2-26(g)所示。

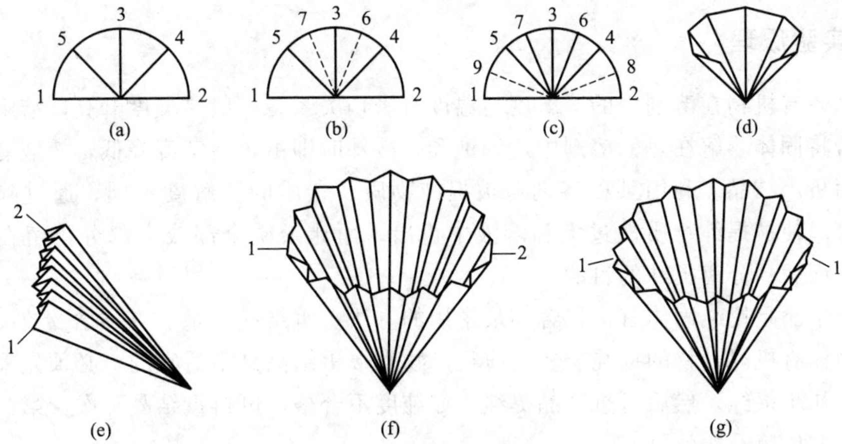

图 2-26 滤纸的折叠方法

过滤时，先在热水漏斗的夹层中注入水，在外壳支管处加热，把水烧沸而对漏斗保温；过滤时把折叠好的滤纸松散地放入玻璃漏斗中，然后把热的溶液逐渐地倒入漏斗中，在漏斗中的液体不宜太多，以免冷却析出晶体，堵塞滤纸和漏斗。

也可用布氏漏斗趁热进行减压过滤。由于过滤速度快，滤液来不及冷却就已经完成了过滤。为了避免热溶液使漏斗破裂或热溶液在漏斗中冷却析出结晶，最好先在热水浴中或电烘箱中把漏斗预热，然后再用来进行减压过滤。

2.6.4 离心过滤

把装有混合物的离心试管放入离心机中进行离心沉淀，混合液中的悬浮物就会沉降在试管底部，然后用滴管小心的吸去上层清液，这种过滤方式就是离心过滤。离心过滤适用于少量和微量物质的过滤。

2.7 重结晶

实验十一　乙酰苯胺和水杨酸的重结晶

一、实验目的

重结晶

1. 掌握水、有机溶剂重结晶固体有机物的实验方法。
2. 了解重结晶选择适宜溶剂的原则和方法。
3. 巩固减压抽滤、热过滤的操作技术。

二、实验原理

固体有机物在溶剂中的溶解度与温度有密切关系。一般是温度升高，溶解度增大。若将固体溶解在热的溶剂中达到饱和，冷却时即由于溶解度降低，溶液变成过饱和而析出结晶。利用某种溶剂对被提纯物质及杂质的溶解度不同，通过降低温度，可以使被提纯物质从过饱和溶液中析出，而让杂质全部或大部分仍留在溶液中，从而达到分离提纯的目的。

重结晶是提纯固体有机化合物最常用的方法。重结晶只适宜杂质含量在5%以下的固体有机混合物的提纯。从反应粗产物直接重结晶是不适宜的，必须先采取其他方法初步提纯，然后再重结晶提纯。如纯度不合格，可再重结晶一次，第二次重结晶总要比第一次效果好。

重结晶的一般操作过程如下：

1. 选择适宜的溶剂

在重结晶操作中，最重要的是选择合适的溶剂。选择溶剂时，常根据“相似相溶”的一般原理，即溶质往往易溶于结构与其相似的溶剂中。所选溶剂必须符合下列条件：

（1）与被提纯的物质不发生反应；

（2）对被提纯的物质的溶解度在温度高的时候较大，温度低时较小，即溶解度必须随温度变化有较大的变化；

（3）对杂质的溶解度非常大或非常小，前一种情况杂质将留在母液中不析出，后一种情况是使杂质在热过滤时被除去，但后一种选择很少有实用价值，因为目标产物的损失量可能过大；

(4) 被提纯物质能生成整齐的晶体；

(5) 溶剂沸点不宜太低也不宜太高，沸点过低，加热溶解操作不易；沸点过高，回收溶剂困难；

(6) 此外，也要考虑溶剂的毒性、易燃性、价格和溶剂回收是否便利等因素。

有机实验室常用于重结晶的溶剂及其物理性质如表 2-8 所示。

表 2-8 常用于重结晶溶剂及其物理性质

溶剂	沸点/℃	相对密度	水溶性	易燃性
水	100	1	—	0
甲醇	64.7	0.79	溶	+
95%乙醇	78.1	0.80	溶	++
乙酸	117.9	1.1	溶	+
丙酮	56.2	0.79	溶	+++
乙醚	34.5	0.71	微溶	+++
石油醚	30～60 60～90	0.68～0.72	不溶	+++
乙酸乙酯	77.1	0.90	不溶	++
苯	80.1	0.88	不溶	++++
氯仿	61.2	1.49	不溶	0
四氯化碳	76.8	1.59	不溶	0

在重结晶具体操作过程中，可查阅化学手册及有关文献资料选用合适的溶剂。有时需要采用试验的方法来选择：

(1) 选择单一溶剂　取 0.1g 样品置于干净的小试管中，滴管滴加约 1mL 某一溶剂，不断振摇，也可在水浴上加热，观察溶解情况，若该样品在 1mL 冷的或温热的溶剂中很快全部溶解，说明溶解度太大，此溶剂不适用。如果该物质不溶于 1mL 沸腾的溶剂中，则可逐步添加溶剂，每次约 0.5mL，加热至沸，若加溶剂量达 3mL，而样品仍然不能全部溶解，说明该物质在此溶剂中溶解度太小，此溶剂不适用。若该物质能溶解于 1～3mL 沸腾的溶剂中，冷却后观察结晶析出情况，若没有结晶析出，可用玻璃棒摩擦管壁或者辅以冰盐浴冷却，促使结晶析出。若晶体仍然不能析出，则此溶剂也不适用。若样品在 1～3mL 溶剂中加热溶解，冷却后有大量结晶析出，测定结晶熔点后说明是纯净物，此种溶剂可选用。实际实验情况往往复杂得多，因此选择一个合适的溶剂需要进行多次反复的实验。

(2) 选择混合溶剂　若实验中发现样品在某一溶剂中很易溶解（称为良溶剂），而在另一溶剂中很难溶解（称为不良溶剂），而这两种溶剂可以相互混溶，这时可将他们配成混合溶剂进行实验。

① 固定配比法　将良溶剂与不良溶剂按各种不同的比例相混合，分别按照选择单一溶剂的方法试验，直至选到一种最佳的配比。

② 随机配比法　先将样品溶于沸腾的良溶剂中，趁热过滤除去不溶性杂质，然后逐滴滴入热的不良溶剂并摇振之，直到浑浊不再消失为止。再加入少量良溶剂并加热使之溶解变清，放置冷却使结晶析出。如冷却后析出油状物，则需调整比例再进行实验或另换别的混合溶剂。

一般常用的混合溶剂有水-乙醇、水-丙酮、水-醋酸、水-吡啶、乙醚-甲醇、乙醚-丙酮及氯仿-石油醚等。

2.溶解固体物质

（1）溶解装置　在加热溶解时，应根据所选用溶剂选择溶解装置。若使用有机溶剂，为了避免溶剂挥发，或避免可燃性溶剂着火，或防止有毒溶剂导致中毒，而应在锥形瓶上装置回流冷凝管加热溶解，所需溶剂从冷凝管上端添加（见图 2-27）。以水为溶剂，可以用烧杯在石棉网上加热，但需估计并补加因蒸发而损失的水。如果所用溶剂是水与有机溶剂的混合溶剂，则按照有机溶剂处理。

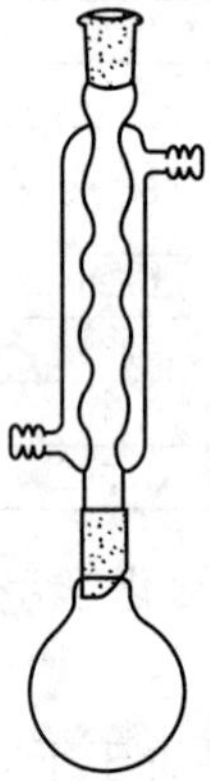

图 2-27　回流冷凝装置

（2）溶剂的用量　重结晶中溶剂的用量直接影响产品的纯度和回收率。通常根据查得的溶解度数据或溶解度试验结果先计算要得到热饱和溶液所需溶剂的量，然后加入较理论量略少的溶剂，加热至沸腾，如果还有固体没有溶解，就在沸腾状态下添加溶剂至固体全部溶解。要注意判断是否有不溶性杂质存在，以免误加过多的溶剂。溶解后再多加比理论量多 20％～100％的溶剂，以避免在热过滤操作中由于冷却造成结晶在漏斗中析出。

3.脱色

最常使用的脱色剂是活性炭，其使用方法见本章 2.4 的内容。

4.热过滤

脱色后，趁热过滤以除去不溶性杂质、脱色剂及吸附于脱色剂上的其他杂质。具体的操作方法见 2.6.3 的内容。

5.冷却结晶

将收集的热滤液静置缓缓冷却，一般要几小时后才能结晶完全。不要急冷滤液，因为这样形成的结晶会很细、表面积大、吸附的杂质多。有时晶体不易析出，则可用玻璃棒摩擦器壁或加入少量该溶质的结晶，也可放置冰箱中促使晶体析出。

6.减压过滤、洗涤晶体

为了使析出的结晶体与母液分离，常用布氏漏斗进行抽气过滤，具体操作方法见2.6.2的内容。

7.干燥

经抽滤洗涤后的晶体，表面上还有少量的溶剂，因此应选用适当方法进行干燥。固体物质的干燥方法见2.5.2的内容。

8.回收有机溶剂

用蒸馏的方法回收有机溶剂，并计算溶剂回收率。

9.测定熔点

测定干燥好的晶体的熔点，通过熔点来检验其纯度，以决定是否需要再作进一步的重结晶。

以上是重结晶一般性操作步骤，一个具体的重结晶实验究竟需要多少步，可根据实际情况决定。如果已经指定了溶剂，则选择溶剂一步可省去；如果制成的热溶液没有颜色，也没有树脂状杂质，则脱色一步可省去；如果同时又无不溶性杂质，则热过滤一步也可省去；如果确知一次重结晶可以达到要求的纯度，则熔点测定亦可省去。

三、实验试剂和仪器装置

1.试剂

粗乙酰苯胺、活性炭、水杨酸、30%乙醇。

2.仪器装置

如图2-25、图2-27所示。

四、实验步骤

1.乙酰苯胺的重结晶

称取5.0g粗乙酰苯胺，放入150mL烧杯中，加入约90mL水[1]，加热煮沸，不断搅拌至乙酰苯胺完全溶解，溶解完毕再补加约20mL水。溶液稍冷后，加入少许活性炭（约0.2g），不断搅拌，煮5～10min。趁热用热水漏斗和折叠滤纸过滤[2]，滤液收集在一洁净的150mL烧杯中。在热过滤过程中，热水漏斗和溶液要分别保持加热，以免乙酰苯胺析出。搅拌，摩擦杯壁，促进结晶，将溶液充分自然冷却到室温至乙酰苯胺大量析出，然后减压抽滤，并在布氏漏斗上用冷水洗涤结晶两次，每次都要尽量滤干溶剂。取出结晶，放在表面皿上用红外灯烘干[3]，称重，计算收率，测定熔点，判断产品纯度。

2. 水杨酸的重结晶

在圆底烧瓶中加入 3.0g 粗水杨酸、30mL 30%乙醇和磁子。装上球形冷凝管，接通冷凝水后，搅拌加热至沸腾，以加速溶解。若所加的乙醇不能使粗水杨酸完全溶解，则应从冷凝管上再分批加入 30%乙醇，继续加热，观察是否可完全溶解。待完全溶解后，停止加热，再多加一些乙醇[4]。稍冷后拆开冷凝管，加入少许活性炭，并稍加搅拌（或摇动）。再重新回流加热至沸腾 10min。趁热进行热过滤，然后自然冷却至室温。减压抽滤，洗涤晶体。取出结晶，放在表面皿上用红外灯烘干，称重，计算收率，测定熔点，判断产品纯度。

五、注释

［1］溶剂水的量视杂质的量而定，目的是制成乙酰苯胺的热饱和溶液。乙酰苯胺在水中的溶解度与温度的关系如表 2-9 所示。

表 2-9　乙酰苯胺在水中的溶解度与温度的关系

温度	20℃	50℃	80℃	100℃
溶解度/(g/100mLH_2O)	0.46	0.84	3.45	5.55

乙酰苯胺的熔点为 114℃，但用水重结晶时，往往由于形成水化物而在 83℃左右熔融成液体，呈油珠状物。所以在热溶时，会看到溶液中有油珠状物。出现这种情况要适当增大水的用量。估算溶剂用量时也只能把 83℃乙酰苯胺在水中的溶解度作为参考依据。

在溶解过程中，应避免被提纯的化合物成油珠状，这样往往会混入杂质和少量溶剂，对纯化产品不利。具体方法是：①选择沸点低于被提纯物的熔点的溶剂，实在不能选择沸点较低的溶剂，则应在比熔点低的温度下进行溶解；②适当加大溶剂的用量。

［2］向热水漏斗倾倒溶液时，速度要快，滤液要基本充满，但又不能高于滤纸的顶端，滤纸的折叠方式见图 2-26。

［3］红外灯干燥时，温度不能太高，以免乙酰苯胺熔化。

［4］估算烧瓶内 30%乙醇的总体积，然后再补加其总体积 20%的 30%乙醇为宜。

六、思考题

1. 在重结晶操作中，各种过滤方法有什么特点？在操作中各起什么作用？

2. 抽滤时滤纸大于布氏漏斗底有什么不妥？

3. 减压过滤结束时，为什么要先旋开安全瓶上的旋塞再关抽气泵？

4. 在布氏漏斗中洗涤晶体应该怎样操作？

5. 用有机溶剂重结晶时，如何防止溶剂挥发？

6. 脱色用的活性炭为什么要在固体物质全溶后再加入？为什么不能在溶液沸腾时加入？

2.8 升华

(1) 升华的实验原理　升华是指物质自固态不经过液态（熔化状态）直接变成蒸气，蒸气遇冷时再直接变成固体的现象。升华是纯化固体有机化合物的一种方法。利用升华方法可除去不挥发杂质，或分离不同挥发度的固体混合物。升华常可得到纯度较高的产物，特别适宜纯化易潮解的物质，但升华法只适用于在不太高的温度下有足够大蒸气压力（高于 2.67kPa、20mmHg）的固体物质的纯化，且操作时间长，损失较大，不适用于大量产品的提纯，因此一般用于少量（1～2g）化合物的纯化。

为了加快升华速度，可在减压下升华，这种方法尤其适用于常压下蒸气压不大或受热易分解的物质的升华。

(2) 升华的一般操作方法　将待升华的样品经充分干燥后，粉碎研细放入蒸发皿中，在其上倒置一个直径小于蒸发皿的玻璃漏斗，漏斗颈部塞一团疏松的棉花，防止蒸气逸出。蒸发皿和漏斗之间用一张穿有许多小孔（孔刺向上，可防止升华后形成的晶体落回到下面的蒸发皿中）的圆形滤纸隔开［见图 2-28(a)］。调节加热速度，控制浴温（低于被升华物质的熔点），让其慢慢升华。蒸气通过滤纸孔上升，冷却后凝结在滤纸上或漏斗壁上。必要时漏斗外可用湿滤纸或湿布冷却。较大量物质的升华，可在烧杯中进行。烧杯上放置一个通冷水的烧瓶，使蒸气在烧瓶底部冷凝成晶体并附着在瓶底上［见图 2-28(b)］。

具体实验内容见实验三十。

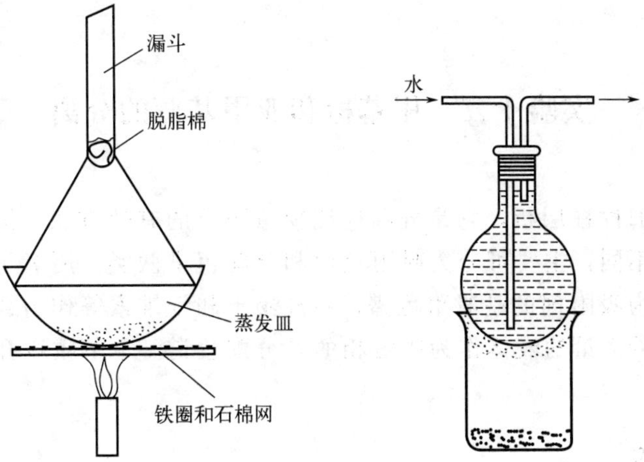

(a)　　(b)

图 2-28　常压升华装置

2.9 色谱分离技术

色谱技术是分离、提纯和鉴定有机化合物的一种有效方法，是 20 世纪初由俄国植物学家 Tswett 研究植物色素时创立的。色谱技术有着广泛用途，其分离效果远比蒸馏、分馏、重结晶等一般方法好，特别适用于微量和半微量样品的分离提纯。与经典的分离提纯手段相比，色谱法具有高效、灵敏、准确及简便等特点，已广泛用于有机化学、生命科学研究等领域。

色谱法的基本原理，是利用混合物各组分在固定相和流动相中分配吸附能力或溶解性能的不同，或其亲和性能的差异，使混合物的溶液（即流动相）流经固定相时，进行反复的吸附或分配作用后，导致混合物中各组分在固定相中形成了不同的色带，从而得到了分离。构成色谱分离的两相，分别称为流动相和固定相，流动的物质称为流动相，固定的物质称为固定相（可以是固体或液体）。

根据混合组分对固定相与流动相的作用方式不同，色谱法可分为吸附色谱、分配色谱、离子交换色谱等；根据操作条件的不同，又可分为柱色谱、纸色谱、薄层色谱、气相色谱及高效液相色谱等类型。柱色谱主要用于化合物的分离和精制，薄层色谱和纸色谱主要用于化合物的分离和鉴定。通常利用薄层色谱和纸色谱探索柱色谱的分离条件，柱色谱分离出来的各组分又可以用薄层色谱和纸色谱来分析、鉴定。本节主要介绍柱色谱、纸色谱、薄层色谱，如需要了解气相色谱和液相色谱的内容，请参考相关教材。

2.9.1 柱色谱

实验十二 甲基橙和亚甲基蓝的分离

柱色谱，旧称柱层析，它是分离提纯少量物质的有效方法。按其分离原理的不同，主要可分为吸附色谱和分配色谱两类。用氧化铝和硅胶等作为吸附剂的是吸附色谱，用硅藻土和纤维素等作为载体、以其吸附的大量的液体作为固定相的是分配色谱。本节重点介绍吸附柱色谱。

柱色谱

一、实验目的

1. 掌握柱色谱的原理及应用。

2. 掌握柱色谱的实验操作技术。

二、实验原理

柱色谱属固-液吸附色谱，是依赖于混合物中各组分在固定相上的吸附能力和流动相中的溶解能力（解析能力）不同，在色谱柱中进行分离提纯的。如图 2-29 所示，混合物从柱顶加入，然后用溶剂洗脱，吸附剂借各种分子间力（包括范德华力和氢键）作用于混合物中各组分，对极性最大的物质吸附力最强；各组分在溶剂中的溶解度不同，被解吸的能力也就不同，极性大的物质被解吸的能力弱。这样各组分会以不同的速率随流动相向下移动，吸附弱的组分向下移动较快。随着流动相的移动，在新接触的吸附剂表面上又依这种吸附-溶解过程进行新的分配，结果是吸附弱的组分随着流动相逐渐在前面移动，吸附强的组分在后面移动，吸附特别强的组分甚至会不随流动相移动，各种化合物在色谱柱中形成带状分布，实现混合物的分离。如各组分为有色物质，则可以直接观察到不同颜色带；如为无色物质，则不能直接观察到，如物质在紫外光照射下能发出荧光，则可用紫外光照射，也可分段收集一定体积的洗提液，再分别鉴定。柱色谱可用于分离量较大的样品。

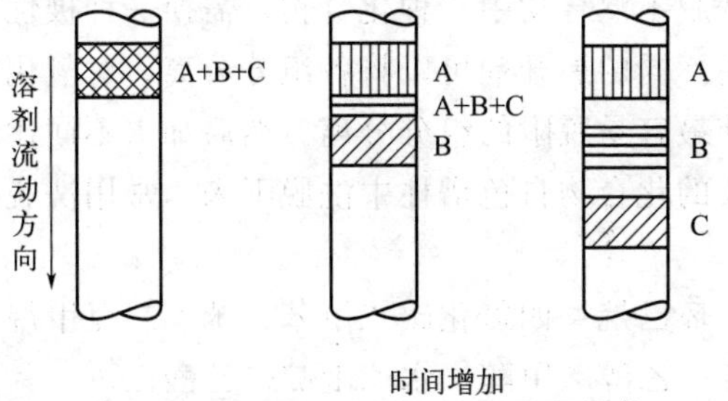

图 2-29　吸附柱色谱分离示意图

柱色谱的一般操作方法如下：

1. 分离条件的选择

分离条件的选择包括对吸附剂和洗脱溶剂的选择。

（1）吸附剂　选择吸附剂要考虑以下几点：①不溶于所使用的溶剂；②与要分离的物质不起化学反应且无催化作用；③具有确定的组成，颗粒大小均匀。吸附剂的粒度越小，比表面越大，分离效果越明显。但流动相流动慢，有时会产生分离带的再重叠，适得其反。

常用的吸附剂有氧化铝、硅胶、氧化镁和活性炭等。吸附剂对有机物的吸附作用有多种形式。以氧化铝作为固定相时，非极性或弱极性有机物与固定相之间只有范德华力作用，吸附较弱；极性有机物同固定相之间可能有偶极力或氢键作用，离子型的有机物还会有成盐作用。这些作用的强度依次为：成盐作用＞配位作用＞氢键作用>偶极作用>范德华力作用。有机物的极性越强，在氧化铝上的吸附性越强。氧化铝对各种化合物的吸附性强度按以下次序递减：酸和碱>醇、胺、硫醇>酯、醛、酮>卤代物、醚>芳烃、烯烃>饱和烃。

例如邻硝基苯胺和对硝基苯胺混合物的分离，就是根据它们的极性不同。由于形成分子内氢键，邻硝基苯胺的偶极矩较小，为4.45D，而对位异构体则为7.1D，因此邻硝基苯胺在氧化铝上吸附性较弱，可被适宜的洗脱剂先洗脱下来。

色谱用的氧化铝可分酸性、中性和碱性三种。酸性氧化铝pH约为4～4.5，用于分离羧酸、氨基酸等酸性物质；中性氧化铝pH值为7.5，用于分离中性物质，应用最广；碱性氧化铝pH为9～10，用于分离生物碱、胺和其他碱性化合物等。硅胶是中性吸附剂，可用于分离各种有机物，是应用最为广泛的固定相材料之一。

吸附剂的活性也与其含水量有关。含水量越低，活性越高。脱水的中性氧化铝也称为活性氧化铝。

(2) 溶剂　选择适宜的洗脱溶剂（展开剂）是实现高效的色谱分离的重要条件。

当一种溶剂不能实现很好的分离效果时，可选择使用不同极性的溶剂分级洗脱。如一种溶剂只洗脱了混合物中一种化合物，需换一种极性更大的溶剂进行第二次洗脱。这样分次用不同的展开剂可以将各组分分离。对氧化铝固定相，首先使用极性最小的溶剂，使最容易脱附的组分分离。然后加入不同比例的极性溶剂配成洗脱溶剂，将极性较大的化合物自色谱柱中洗脱下来。常用洗脱溶剂的极性按如下次序递增：

己烷和石油醚<环己烷<四氯化碳<甲苯<苯<二氯甲烷<氯仿<乙醚<乙酸乙酯<丙酮<异丙醇<乙醇<甲醇<水<吡啶<乙酸。

柱色谱的分离效果不仅依赖于吸附剂和洗脱溶剂的选择，也与制成的色谱柱有关。要求柱中的吸附剂用量为被分离样品量的30～40倍，若需要时可增至100倍。柱高和直径之比一般是7.5∶1。

2.分离操作

柱色谱分离操作包括：装柱、洗柱、装样、洗脱和收集洗脱液。

(1) 装柱　色谱柱的装填有干装和湿装两种方法。

干装时，先在柱底塞上少许玻璃纤维，再加入一些细粒石英砂，然后将准备好的吸附剂用漏斗慢慢加入干燥的色谱柱中，边加入边敲击柱身，务必使吸附剂装填均匀，不能有空隙，如图2-30所示。吸附剂用量一般应是被分离混合物的30～40倍，必要时可多达100倍。加够以后，在吸附剂上覆盖少许石英砂。干装的优点是简单快速，操作方便；缺点是装柱的密实度和均匀性不好。

湿装时，将准备好的吸附剂用适量溶剂调成可流动的糊，将吸附剂糊小心地慢慢加入柱中，加入时不停敲击柱身，务必使吸附剂装填均匀，不能产生气泡和裂隙，还必须使吸附剂始终被展开剂覆盖。湿装的优点是固定相密实度高，均匀性好；缺点是装柱时间长。

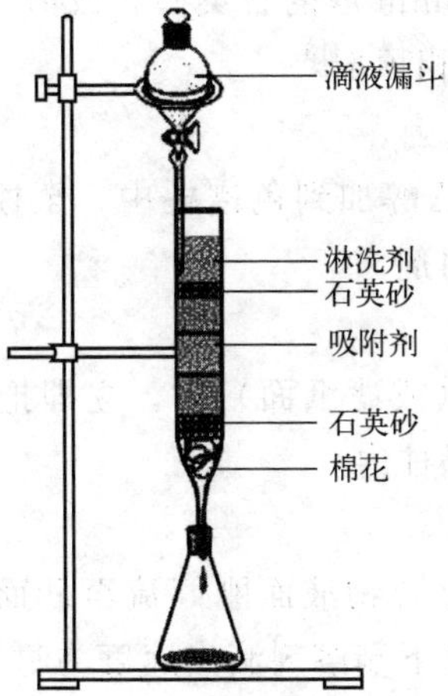

图 2-30　柱色谱装置图

(2) 洗柱　干柱在使用前要洗柱，目的是排除吸附剂间隙中的空气，使吸附剂填充密实。洗柱时从柱顶由滴液漏斗加入洗脱剂，适当放开柱下端的旋塞。加入时先快加，再放慢滴加速度，使吸附剂始终被展开剂覆盖。洗柱时也要轻敲柱身，排出气泡。

(3) 装样和洗脱　将待分离的混合物用最小量体积的溶剂溶解后，小心加入柱中。待试样液面接近吸附剂上的石英砂时，旋开滴液漏斗旋塞，滴加溶剂。滴加速度以每秒 1～2 滴为宜。整个过程中，应使溶剂始终覆盖吸附剂。

(4) 收集洗脱液　如试样各组分有颜色，使用不同的洗脱剂将色带逐一洗脱下来，分别收集。如果各组分没有颜色，多采用等份收集洗脱液的方法，每份洗脱剂的体积视所用氧化铝的量及试样的性质而定。例如如果用 50g 氧化铝，每份洗脱液的体积一般为 50mL。

三、实验试剂和仪器装置

1. 试剂

中性氧化铝、95％乙醇、甲基橙和亚甲基蓝的混合液、石英砂。

2. 仪器装置

如图 2-30 所示。

四、实验步骤

1. 装柱

先将玻璃柱洗净干燥，在柱底铺一层玻璃棉或脱脂棉，然后加一层约 5mm 厚的石英砂，然后采用干法将氧化铝装入管内，注意边装边敲打，装填必须均匀，吸附剂不能有裂缝，严格排除空气，装至色谱柱高的 3/4（本实验装至 6～7cm 高），然后氧化铝顶部再盖一层约 5mm 厚的石英砂，或剪一片大小适宜的滤纸（要能平放在氧化铝顶部），盖住固定相顶部[1]。

2. 洗柱

通过滴液漏斗将 95％的乙醇加到色谱柱中，至柱底有洗脱剂流出。洗柱的整个过程中都应有溶剂覆盖吸附剂。

3. 加样

当洗脱剂刚好流至砂面（或滤纸面）时，立即把 2mL 内含 1mg 甲基橙和 5g 亚甲基蓝的乙醇溶液倒入色谱柱内。

4. 洗脱

当甲基橙和亚甲基蓝的混合物液面刚好流至砂面（或滤纸面）时，逐滴加入 95％乙醇，滴加速度控制在柱下端溶剂滴出速度为每秒 1～2 滴[2]。这时亚甲基蓝的谱带会与甲基橙谱带逐渐分离，向下移动[3]。保持滴加速度，继续滴加 95％乙醇，使亚甲基蓝全部从柱子里洗脱下来。待洗出液呈无色时，换水作洗脱剂。这时甲基橙随水向柱子下部移动，用容器收集。收集的亚甲基蓝溶液回收到指定的容器中。

5. 判定甲基橙和亚甲基蓝的极性大小，记录收集的亚甲基蓝溶液的体积。

五、注释

［1］加入石英砂或滤纸的目的是保证加液体时不会把吸附剂冲起，影响分离效果。

［2］要控制洗脱液的流出速度，一般不宜太快，否则柱中交换来不及达到平衡，从而影响分离效果。

［3］甲基橙和亚甲基蓝的结构式如下：

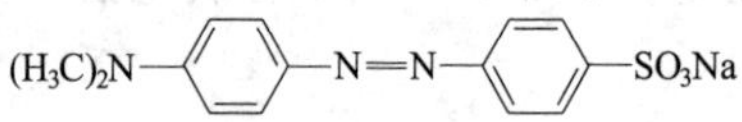

甲基橙

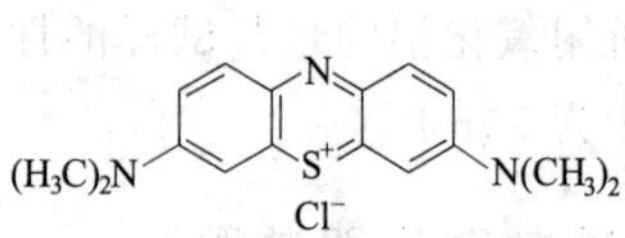

亚甲基蓝

由此可判断出二者极性的大小。

六、思考题

1. 装柱不均匀或者有气泡、裂缝，将会造成什么后果？为什么？

2. 极性大的组分为什么要用极性较大的溶剂洗脱？

3. 使用氧化铝作为固定相、用极性溶剂作为流动相，混合物中极性小的组分与极性大的组分相比哪一个先被洗脱？

4. 使用氧化铝作为固定相，选择洗脱剂时通常先考虑用极性大的还是极性小的？如何通过调整来选择合适的洗脱剂？

2.9.2 纸色谱

实验十三 苯胺和邻苯二胺的分离

纸色谱

一、实验目的

1. 掌握纸色谱的原理及应用。

2. 掌握纸色谱的实验操作技术。

二、实验原理

纸色谱属于液-液分配色谱，固定相是滤纸上的水（干燥的滤纸本身含有6%～7%的水），流动相是饱和的有机溶剂，称为展开剂。其原理是根据混合物的各组分在两种互不相溶的液相间（固定相和流动相）的分配系数不同而达到分离目的。

纸色谱以滤纸作为分离的载体，距滤纸底边1.5cm处点上样品，将滤纸放入展开槽中，溶剂借毛细作用沿滤纸上行。水溶性大的或形成氢键能力强的组分在水中分配浓度大，随展开剂（流动相）的移动较慢；水溶性小、疏水性强的组分在有机溶剂中分配浓度大，移动较快。随着展开剂的上行，混合物中各组分在两相之间反复进行分配，以不同的速度向上移动，最终把各组分分开。

通常用相对移动值，也称比移值（用 R_f 表示），表示物质移动的相对距离。

$$R_f=\frac{\text{溶质的最高浓度中心到原点中心距离}(l_1)}{\text{溶剂前沿到原点中心距离}(l_0)}$$

R_f 主要由被分离物质的结构决定，还与固定相与流动相的性质、温度及滤纸的质量等实验条件有关。当实验条件固定时，R_f 是物质特有的物理常数，可作定性分析的依据。分离效果良好，R_f 应在0.15～0.75之间，否则应重新选择展开剂。

纸色谱对于极性较强的组分分离效果较好，因此更适用于多官能团的强极性化合物如糖、氨基酸的分离。优点是操作简单，价格便宜，色谱图可长期保存；缺点是展开时间较长，这是因为展开剂上升的速度随高度的增加而减慢。

三、实验试剂和仪器装置

1. 试剂

1%苯胺溶液，等体积1%苯胺与邻苯二胺的混合溶液。

展开剂　正丁醇：2.5mol/L盐酸溶液＝4：1（体积比）

显色剂　对二甲氨基苯甲醛的乙醇溶液

2. 仪器装置

如图 2-31 所示。

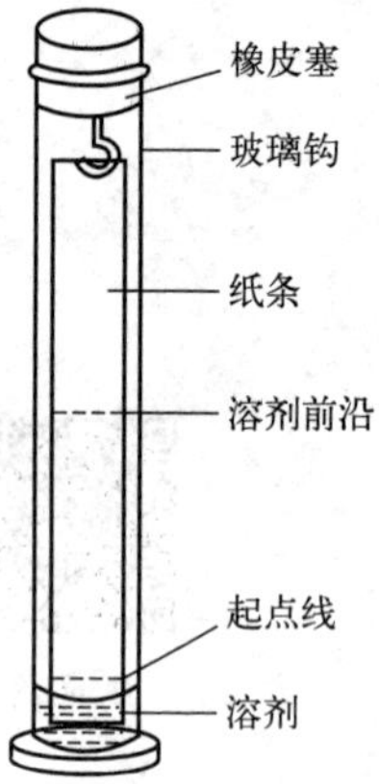

图 2-31　纸色谱装置

四、实验步骤

1. 滤纸的准备

选择薄厚均匀、平整无折痕的裁好的滤纸条[1]，用铅笔在离其底边 1.5cm 处画一条“起始线”。在滤纸条上端打孔，孔的高度以滤纸挂到塞子铁钩上浸入展开剂中约 1cm 为宜，展开剂不能没过起始线[2]。

2. 配展开剂

在干燥洁净的大试管中，加入展开剂 5mL[3]，液面高约 1.5cm，塞紧带铁钩的塞子，适当振摇，然后垂直固定在铁架台上，让展开剂的蒸气充满整个大试管。

3. 点样

用毛细管[4] 蘸取少量样品溶液，在起始处点上样品溶液的斑点，斑点的直径控制在 0.3～0.5cm，两个斑点之间的距离约 1cm，其中一个是 1%苯胺，另一个是 1%苯胺和邻苯二胺的混合液，然后将滤纸上的样品自然晾干[5]。

4. 展开

把点好样并晾干的滤纸条小心地悬挂在大试管中，滤纸条下端浸入展开剂中约 1cm，展开剂即在滤纸上上升，样品中各组分随之展开。当展开剂达到距起始点约 5cm 处，小心取出滤纸，用铅笔标出展开剂的前沿位置，将滤纸晾干。

5. 显色

用喷雾器将显色剂溶液均匀地喷射到滤纸上，晾干后应见到明显的分开的色斑[6]。

6. 计算 R_f 值并比较苯胺与邻苯二胺的极性大小[7]。

五、注释

[1] 悬挂的滤纸条宽度以不能触及试管壁为宜，操作中保持滤纸条的洁净，手不能接触滤纸工作的部分，一般是捏住滤纸的上端，以免沾污纸条。

[2] 样点切不可浸入展开剂中，否则会使展开剂污染和样点扩展，两者都将导致操作失败。

[3] 选择展开剂的原则：

a. 对易溶于水的物质，以吸附在滤纸上的水作固定相，以与水能混合的有机溶剂（如醇类）作展开剂，这是纸色谱的主要应用形式。

b. 对难溶于水的极性物质，以非水极性溶剂（如甲酰胺、二甲基甲酰胺等）作固定相，以不能与固定相混合的非极性溶剂（如环己烷、苯、四氯化碳、氯仿等）作展开剂。

c. 对不溶于水的非极性物质，以非极性溶剂（如液体石蜡、α-溴萘等）作固定相，以极性溶剂（如水、含水的乙醇、含水的酸等）作展开剂。

[4] 点样用的毛细管必须为专用的，不得弄混。

[5] 若需重复点样，则应等到前次点样的溶剂挥发后才能复点，以防止样点的面积过大，造成拖尾、扩散等现象，影响分离效果。

[6] 分离的化合物若有颜色，很容易识别出各个样点。如果是无色的，展开后，需要在纸上喷某种显色剂，使各组分显色以确定移动距离。不同物质选用不同的显色剂。如：氨基酸用茚三酮，有机酸用溴酚蓝，生物碱用碘蒸气等。除用化学方法外，也可用物理方法或生物方法来鉴定。

[7] 由于影响 R_f 值的因素很多，几次实验条件又难完全一致，所以在测定 R_f 值时，常采用标准样品在同一张滤纸条上点样对照。

六、思考题

1. 纸色谱的分离原理是什么？
2. 滤纸条上的样点可否浸入展开剂中？为什么？
3. 为什么展开容器要密闭？

2.9.3 薄层色谱

实验十四 间硝基苯胺和偶氮苯的分离

一、实验目的

1. 掌握薄层色谱的原理及应用。
2. 掌握薄层色谱的实验操作技术。

二、实验原理

薄层色谱（thin layer chromatography，TLC），是以玻璃板为载体，将吸附剂均匀涂在玻璃板上作为固定相，待干燥活化后点样，在展开剂（流动相）中展开，进行分离的一种色谱。薄层色谱的分离原理与柱色谱相同：由于混合物中的各个组分对吸附剂（固定相）的吸附能力不同，当展开剂（流动相）流经吸附剂时，发生多次吸附-解吸过程，吸附能力弱的组分移动得快，吸附能力强的组分滞留在后，最终将混合物中各组分分离成孤立的样点，实现混合物的分离。

薄层色谱是一种微量、快速和简便的色谱方法，它兼备了柱色谱和纸色谱的优点，它可用于少量样品（几十微克至0.01μg）的分离，又可用来精制样品，或分离多达500mg的样品（此时需把吸附剂层加厚，将样品点成一条直线）。由于薄层色谱操作简单，试样和展开剂用量少，展开速度快，所以经常被用于探索柱色谱分离条件和跟踪化学反应进程。此法特别适用于挥发性较小或在较高温度易发生变化而不能用气相色谱分析的化合物。

薄层色谱的一般操作方法如下：

1. 薄板的制备与活化

薄层色谱最常用的吸附剂是氧化铝和硅胶。

硅胶是聚合的二氧化硅水合物，脱水后成为无定形的多孔性物质，适用于酸性和中性物质的分离和分析。薄层色谱用的硅胶分为：

硅胶W——不含黏合剂和其他添加剂的薄层色谱用硅胶；

硅胶G——以煅烧过的石膏（$CaSO_4 \cdot 2H_2O$）作黏合剂的薄层色谱用硅胶，G代表含有石膏（Gypsum）；

硅胶HF_{254}——含荧光物质的薄层色谱用硅胶，可用于254nm的紫外光下观察荧光；

硅胶GF_{254}——含煅烧石膏、荧光物质的薄层色谱用硅胶。

与硅胶相似，氧化铝也因含黏合剂或荧光剂而分氧化铝G、氧化铝GF_{254}及氧化铝HF_{254}等类型。

黏合剂除上述的煅烧石膏（$CaSO_4 \cdot 2H_2O$）外，还可用淀粉、羧甲基纤维素钠。通常将薄层板以再加黏合剂和不再加黏合剂分为两类，再加黏合剂的薄层板称为硬板，不再加黏合剂的称为软板。

常将吸附剂调成糊状物，然后可采用下列两种涂布方法，将其涂在干燥、洁净的玻璃板上。

（1）平铺法　用涂布器（见图2-32）制板，涂层薄厚均匀，一般在大量铺板和铺较大的板时常用此法。

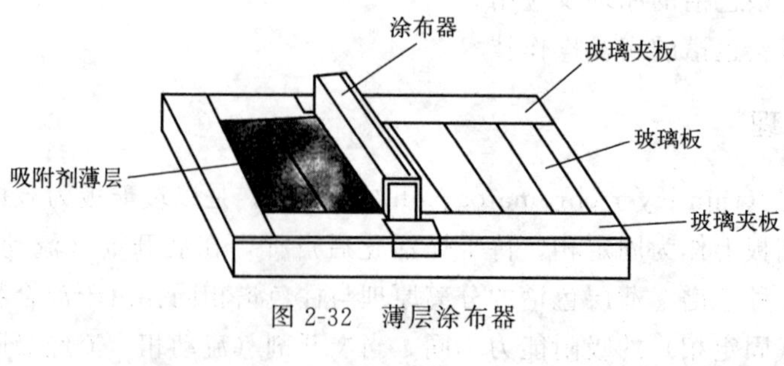

图2-32　薄层涂布器

（2）倾注法　将调好的糊状物均匀地倒在几块玻璃板上，先用玻璃棒铺平，然后用手左右摇晃至平，然后放到水平的平板上晾干。实验室常用此法，但制出的板厚度不易控制。

把涂好的薄板置于室温自然晾干后，放在烘箱内加热活化，除去水分，活化时需慢慢升温。硅胶板一般在105～110℃活化30min，氧化铝板在200℃烘4h后可得到活性Ⅱ级的薄板。薄板的活性随含水量的增加而下降，因此活化后的薄板要放在干燥器内备用。

2.点样

将样品溶于低沸点溶剂中，配成1%～5%的溶液，用内径小于1mm的毛细管点样。先用铅笔距薄板一端轻轻画一条线作为起始线，然后用毛细管吸取少量样品溶液垂直地轻轻接触薄板的起始线，斑点直径不超过2mm。若需重复点样，则应等到前次点样的溶剂挥发后才能复点，以防止样点的面积过大，造成拖尾、扩散等现象，影响分离效果。若要在一块板上点几个样点，样点间的距离应在1cm左右为宜。待样点干燥后，方可进行展开。

3.展开

薄层色谱展开剂的选择和柱色谱一样，主要根据样品中各组分的极性、溶剂对于样品中各组分的溶解度等因素来考虑。在用硅胶或氧化铝等极性吸附剂做固定相时，展开剂的极性越大，对化合物的洗脱力也越大。选择展开剂时，除参照溶剂极性来选择外，更多地采用试验的方法，在一块薄层板上进行试验：若所选展开剂使混合物中所有的组分点都移到了溶剂前沿，即 R_f 值都比较大，此溶剂的极性过强，应更换极性较小的展开剂；反之如果各组分的 R_f 值都比较小，应更换极性较大的展开剂。当一种溶剂不能很好地展开各组分时，常选择用混合溶剂作为展开剂。先用一种极性较小的溶剂为基础溶剂展开混合物，若展开不好，用极性较大的溶剂与前一溶剂混合，调整极性，再次试验，直到选出合适的展开剂组合。合适的混合展开剂常需多次仔细选择才能确定。

薄层色谱的展开是在密闭的容器中如广口瓶中进行的，先将展开剂（约0.5～1cm高）放到展开器中，10min后展开器内的蒸气达到饱和（可在展开器内放一张滤纸，加速展开器的气液平衡），把带有样点的板放入展开器中并与展开器成一定的角度，薄板上的起始线应在液面上，盖上盖子进行展开。待展开剂上升到距薄板顶部约1cm处时取出，标出展开剂前沿的位置，晾干后进行显色。

4.计算 R_f 值

可以用实验十三的方法计算组分的 R_f 值。

三、实验试剂和仪器装置

1.试剂

1%间硝基苯胺，1%偶氮苯与间硝基苯胺的等体积混合物溶液；硅胶G、0.5%羧甲基纤维素钠水溶液。

展开剂　石油醚∶乙酸乙酯=7∶3（体积比）

2. 仪器装置

如图 2-33 所示。

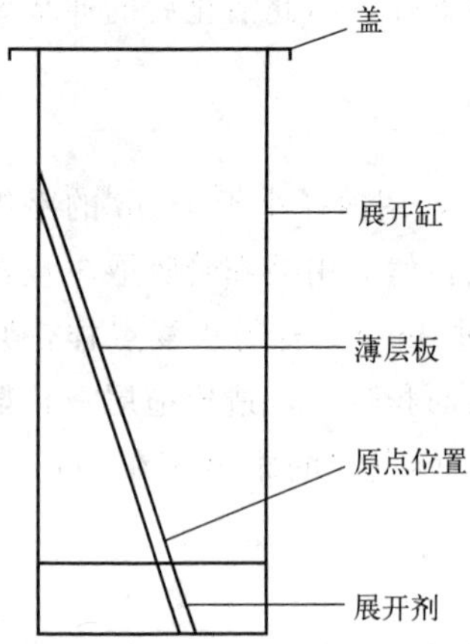

图 2-33　薄层色谱的展开装置

四、实验步骤

1. 薄层板的制备与活化

取三片载玻片洗净后，用酒精棉球擦拭、平置晾干[1]。称取 3g 硅胶 G 放入烧杯中，加入 0.5%羧甲基纤维素钠溶液约 9mL，调成均匀的糊状[2]。然后采用倾注法铺板，将糊状物分别倒在 3 片载玻片上，用玻璃棒摊开，轻轻振摇并在桌面上敲击玻片，使糊状物均匀光滑地覆盖玻片，勿产生气泡，然后平置在水平台面上，使其晾干[3]。

晾干后的薄层板面呈白色，置于烘箱内，从室温升温至 105～110℃，活化 30min。冷却、备用。

2. 点样

在距薄层板一端 1cm 处，用铅笔轻轻横划一道点样线。用点样毛细管蘸取样品溶液，在点样线处轻轻点样[4]；若点样量不足，待溶剂挥发后可在原处重复点样。样点直径不应超过 2～3mm。每块板点两个样，其中一个是 1%间硝基苯胺，另一个是 1%偶氮苯与间硝基苯胺的混合物。

3. 展开

在色谱展开缸中倒入已配好的展开剂，盖上盖摇动一下，使缸内蒸气趋于饱和。将点好样的薄层板样点一端向下放入展开缸中，浸入展开剂内约 0.5cm 即可。盖好盖注意观察展开剂的上升。当展开剂前沿上升到离板上端约 1cm 处时取出，即用铅笔在展开剂前沿处作一记号，晾干[5]。

4. 计算各样点的 R_f 值，判断偶氮苯与间硝基苯胺的极性大小。

五、注释

[1] 载玻片应干净且不被污染。

[2] 硅胶糊很容易凝胶化，结果会导致无法摊开成薄层，因此调浆应迅速，但也不宜用力搅拌以免形成过多过大的气泡，在薄层板晾干时出现气孔。

[3] 务必使摊好的薄层板晾干，否则烘干活化时将产生龟裂，使薄层板报废；同样，湿的薄层板也不能烘烤催干。

[4] 点样不能戳破薄层板面。

[5] 展开时，不要让展开剂前沿上升到超过玻璃板顶端线。否则，无法确定展开剂上升高度，即无法求得 R_f 值和准确判断产物中各组分在薄层板上的相对

位置。

六、思考题

1. 可以用什么材料作为制板材料？薄层色谱与纸色谱相比有哪些优点？

2. 用薄层色谱对两种已知有机物组成的混合物进行分离，有什么方法可用于识别薄层板上分离开的这些有机物？

3. 由同样操作条件下进行的薄层色谱分离测得的一种有机物的 R_f，为什么可以用于鉴别这种有机物？

4. 样点过大有什么不良后果？

实验十五 镇痛药片 APC 组分的分离

普通的镇痛药如 APC 通常是几种药物的混合物，大多含有阿司匹林、非那西汀、咖啡因和其他成分，由于组分本身是无色的，需要通过紫外灯显色，并与纯组分的 R_f 比较来分别鉴定。

一、实验目的

掌握药物的薄层色谱分离方法。

二、实验原理

同实验十四。

三、实验试剂和仪器装置

1. 试剂

APC 镇痛药片、2%阿司匹林的 95%乙醇溶液、2%非那西汀的 95%乙醇溶液、2%咖啡因的 95%乙醇溶液、95%乙醇溶液、无水乙醚、二氯甲烷、冰醋酸。

2. 仪器装置

如图 2-33 所示。

四、实验步骤

1. 薄层板的制备

取硅胶 GF_{254} 铺制薄层板，室温晾干后，放入烘箱中，缓慢升温至 110℃，恒温 0.5h，取出，置干燥器中备用。

2. 样品的制备

取镇痛药片 APC 半片[1]，用不锈钢铲研成粉状，放入一支 5mL 离心管中。

将 2.5mL 95%乙醇滴入离心管中，振荡，静置片刻，用滴管吸取上清液后转移至另一离心管中待用。

3.点样

取三块制好的薄层板，每块板上距离底部 1cm 处画一条起始线，分别点两个样点。第一块板点 APC 的萃取液和 2%阿司匹林的 95%乙醇溶液两个样点；第二块板点 APC 的萃取液和 2%非那西汀的 95%乙醇溶液两个样点；第三块板点 APC 的萃取液和 2%咖啡因的 95%乙醇溶液两个样点。样点间距离 1～1.5cm，若样点颜色太浅，待样点干燥后可重复几次点样，但需注意样点直径应在 2mm 之内。

4.展开

用无水乙醚 5mL、二氯甲烷 2mL、冰醋酸 7 滴的混合溶液[2] 作展开剂，在展开缸中进行展开。观察展开剂前沿，当其上升至接近薄板上端 1cm 处取出，迅速在前沿处划线。

5.计算

求出每个点的 R_f，并将未知物与标准样品比较，判断其极性大小。

五、注释

[1] 镇痛片中各组分的结构式如下：

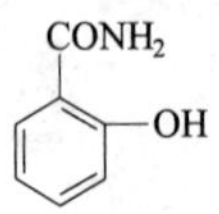

水杨酰胺

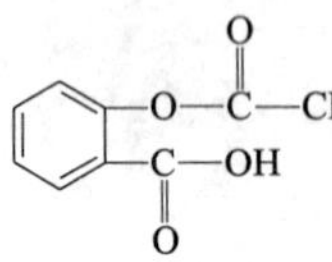

阿司匹林

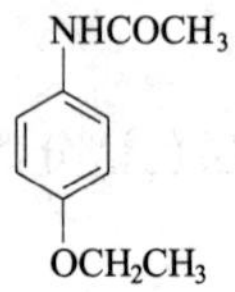

非那西汀

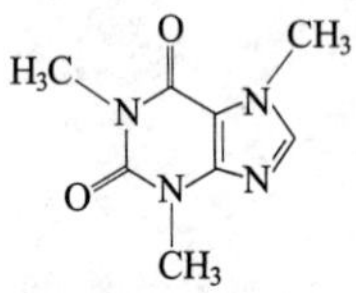

咖啡因

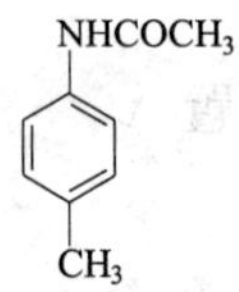

扑热息痛

[2] 二氯甲烷和冰醋酸的体积比约为 12∶1。

六、思考题

根据镇痛片中各个组分的结构，对他们的 R_f 值大小进行排序。

2.10 回流冷凝

在室温下，有些反应速度很慢或难以进行，为使反应加快进行，常常需要使反应在加热或在沸腾的条件下进行。为避免溶剂的挥发或反应物的损失，应该在烧瓶上装有冷凝管，使汽化的溶剂或反应物蒸气冷凝为液体，回流到反应容器中，这个操作称为回流。大多数有机化学反应都是在回流条件下完成的，回流液本身可以是反应物，也可以是溶剂。

此外，回流也常用于某些分离纯化实验，如重结晶溶解样品过程（见实验十一）、连续萃取（见 2.2.2）及某些干燥过程。

常用的回流装置如图 2-34 所示，图 2-34(a)是普通回流装置；图 2-34(b)是需要隔绝潮气的回流装置，若回流中无不易冷却物放出，还可把气球套在冷凝管上口，来隔绝潮气的侵入；图 2-34(c)为可吸收反应中生成气体的回流装置，适用于回流时有水溶性气体（如氯化氢、溴化氢、二氧化硫等）产生的实验；图 2-34(d)为回流时可以同时滴加液体的装置。加热前应先放入沸石，根据瓶内液体的沸腾温度，可选用水浴、油浴等方式加热。回流的速率应控制在液体蒸气浸润不超过两个回流球为宜。

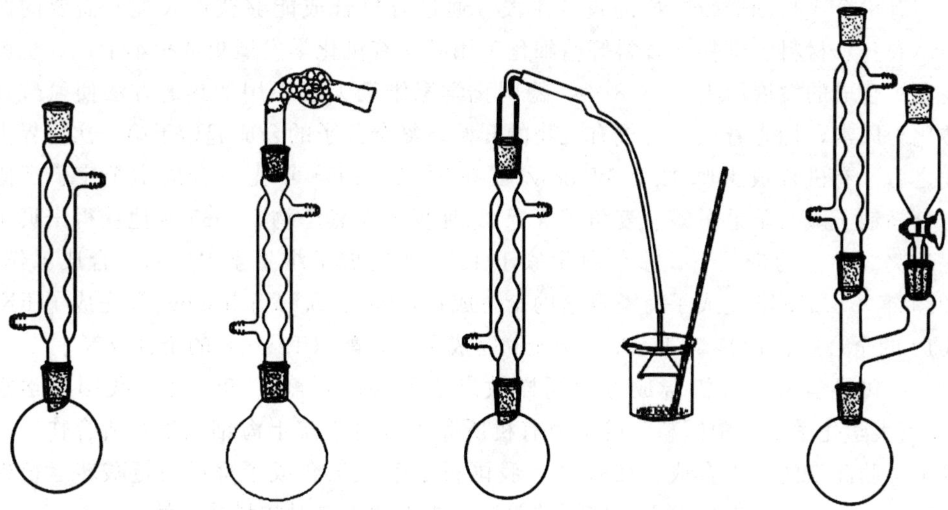

(a) (b) (c) (d)

图 2-34 常用的回流冷凝装置

第3章

有机化合物的合成

有机合成是创造新物质的重要手段。通过有机合成能够获得人类所需要的医药、农药、材料、染料和香料等精细化工用品。有机化学发展史从根本上说，也就是有机合成的发展历史。1828 年，德国化学家维勒无意中用加热的方法使氰酸铵转化为尿素，标志着人工合成有机物的开始。复杂分子的合成起始于第二次世界大战之后。有机合成大师 R. B. Woodward 在 1945—1954 年先后合成了奎宁、类固醇、马钱子碱、羊毛甾醇、麦角碱等近 20 种复杂天然产物，1965 年他获得诺贝尔化学奖。在他的带领下，多位科学家于 1977 年完成了维生素 B_{12} 的全合成工作。1989 年，Y. Kishi 完成了海葵毒素的全合成；1993 年 S. L. Schreiber 等完成了 FK-1012 的全合成；1994 年 K. C. Nicolaou 完成了紫杉醇（Taxol）的全合成等。

中国科学家在有机合成方面同样做出了重要的贡献。1965 年，我国科学家（北京大学化学院，中国科学院上海有机所和中国科学院上海细胞生物所合作）实现了牛胰岛素的人工合成；1981 年，我国科学家人工合成了酵母丙氨酸转运核糖核酸。这些成果在世界上引起广泛的关注，成为载入史册的科技成就。

正如有机化学家 R. B. Woodward 所说："有机合成就是在大自然旁边创造了一个小自然"。有机合成的发展直接推动了现代精细化工和制药工业的技术进步。目前有机合成正向着"绿色合成"或者"理想合成"目标发展，即利用简单、安全、环境友好、资源有效的操作，快速、定量地把价廉、易得的起始原料转化为天然或设计的目标分子。

合成实验是有机化学实验中的重要组成部分。通过制备实验操作训练，能够使学生初步掌握在实验室中合成有机化合物的原理和方法、熟悉常用有机化学实验仪器的使用、熟练掌握实验的基本操作方法；制备实验还可使学生建立"量"和"产率"的概念，学生只有在每一步操作均规范、认真、谨慎的情况下，才能尽可能减少产品损失，提高产率，这有利于培养学生良好的实验习惯、扎实的实验技能、严谨的科学态度和良好的科学素养。

合成实验以考核学生合成产物的质和量为目标，故在实验报告中应正确表述产品的外观、重要理化数据和检验结果、产率等内容。

有机反应中，理论产量是指按反应方程式计算得到的产物质量，即原料全部转化为产物、不考虑分离纯化过程损失的产物的质量。产量（实际产量）是指在实验中分离获得的纯净产物的质量。产率为实际产量与理论产量的比值：

$$产率=\frac{实际产量}{理论产量}\times100\%$$

【例】 用10g环己醇和催化量的硫酸一起加热时，得到6g环己烯，试计算它的产率。

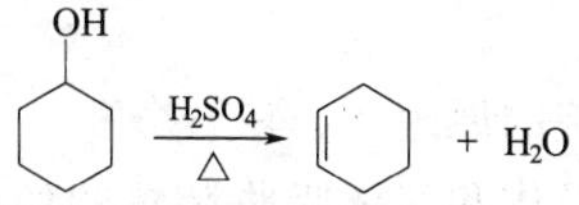

摩尔质量　100g/mol　82g/mol

根据化学反应式：理论上1mol环己醇能生成1mol环己烯，10g即0.1mol环己醇理论上应得0.1mol环己烯，理论产量为8.2g（82g/mol×0.1mol），实际产量为6g，故产率为：$\frac{6g}{8.2g}\times100\%=73\%$。

在有机实验中，产率通常不可能达到理论值，这是由以下一些因素所致：

（1）化学反应的可逆性，即在化学平衡状态，反应物不可能完全转化成产物；

（2）有机反应的复杂性，即可能存在的副反应伴随主反应同时发生，会消耗反应原料，使之不能转化为产物；

（3）产物分离和纯化过程中的损失不可避免。

由化学平衡的角度分析，可通过增加某一反应物的用量和及时转移体系中某一特定产物的办法提高收率。但具体采取何种措施应根据反应的特点分析。如：物料价格、过量物料在反应后处理中是否易于除去、过量物料对减少副反应是否有利、生成物是否易于转移等。对合成制备中的副反应及副产物，应考虑如何通过反应条件的控制或反应方法的选择减少副反应或对其主反应的影响，提高反应的选择性。在产物分离纯化前，应在充分了解产物的性状、溶解度、挥发性、熔点、沸点等重要理化性质的前提下，制定正确的分离提纯方案。

如酯化反应是通过增加乙醇的用量提高羧酸转化率，而达到提高收率的目的：

【例】 用6.1g苯甲酸，17.5mL乙醇和2mL浓硫酸（催化剂）一起回流，制得苯甲酸乙酯6g。

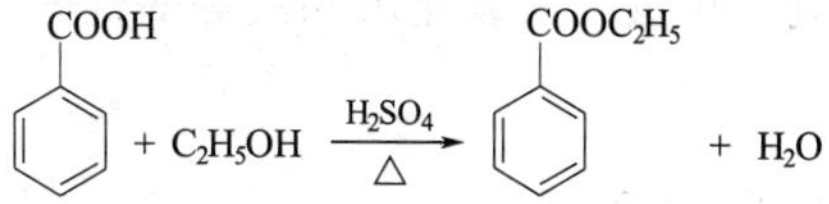

	苯甲酸	乙醇	苯甲酸乙酯
摩尔质量	12g/mol	46g/mol	150g/mol
	6.1g	13.3g	
	0.05mol	0.29mol	

在反应中乙醇是过量的，故产率应根据苯甲酸的量来计算。0.05mol 苯甲酸理论上产生 0.05mol 即 7.5g（0.05mol×150g/mol）苯甲酸乙酯，因此反应产率为：$\frac{6g}{7.5g}\times100\%=80\%$。

有机合成预习报告和实验报告的写法参见 1.5。

实验十六　正溴丁烷的合成

一、实验目的

1.掌握制备正溴丁烷的原理和方法。

2.掌握回流反应的操作和气体吸收装置的使用。

3.掌握分液漏斗的使用方法和洗涤、分液、干燥等后处理方法。

二、实验原理

实验室中通常通过正丁醇与浓硫酸及溴化钠加热回流制备正溴丁烷。该反应为典型的亲核取代反应。浓硫酸与溴化钠生成溴化氢，溴化氢在浓硫酸催化下与正丁醇反应生成产物。

反应式如下：

$$NaBr+H_2SO_4\xrightarrow[\triangle]{}HBr+NaHSO_4$$

$$CH_3CH_2CH_2CH_2OH+HBr\xrightarrow[\triangle]{H_2SO_4}CH_3CH_2CH_2CH_2Br+H_2O$$

可能发生的副反应：

$$2HBr+H_2SO_4=\!=\!=SO_2+Br_2\uparrow+2H_2O$$

$$2CH_3CH_2CH_2CH_2OH\xrightarrow[\triangle]{H_2SO_4}CH_3CH_2CH_2CH_2OCH_2CH_2CH_2CH_3+H_2O$$

$$CH_3CH_2CH_2CH_2OH\xrightarrow[\triangle]{H_2SO_4}CH_3CH_2CH=CH_2+CH_3CH=CH-CH_3+H_2O$$

装置中的回流冷凝管可冷却易挥发的蒸气，使之冷凝后回到反应瓶中。该装置在保证整个反应装置连通大气的同时，避免了反应过程中的原料损失和挥发性有机物的逸散，从而保证实验安全。

因反应中会生成溴化氢、二氧化硫和溴等酸性气体，故反应时应连接碱液吸收装置进行尾气吸收。

三、实验试剂和仪器装置

1.试剂

正丁醇、浓硫酸、溴化钠、5%氢氧化钠溶液、10%碳酸钠溶液、无水氯化钙等。

2. 仪器装置

圆底烧瓶、球形冷凝管、蒸馏头、温度计、直形冷凝管、牛角管、锥形瓶、分液漏斗、长颈漏斗、滴管、量筒等。

实验装置如图 3-1 所示。

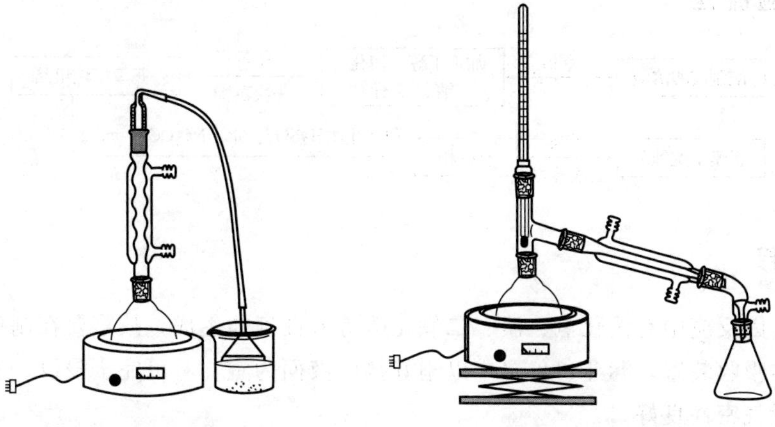

(a) 正溴丁烷的制备装置[1]　　(b) 常压蒸馏装置

图 3-1　制备正溴丁烷的主要装置

四、实验步骤

1. 加料

在 100mL 圆底烧瓶中加入 6mL 水[2]，并在冰水浴环境中缓慢滴加 8.5mL (0.16mol)浓硫酸，冷却至室温[3]；加入 5mL(0.055mol)正丁醇，振摇后分批加入 6.8g(0.66mol)研细的溴化钠[4]，混合均匀，加入 2 粒沸石。装好回流冷凝装置及气体吸收装置，在烧杯中加 5%的 NaOH 溶液作吸收液。

2. 反应

加热至沸腾，而后调节电压使反应液保持微沸，平稳回流 0.5h[5]。反应完毕，停止加热，此时瓶内液体应分为两层。冷却后改用蒸馏装置，蒸出正溴丁烷粗产品[6]，将残液趁热倒入烧杯中，待冷却后，再倒入装有饱和亚硫酸氢钠的废液桶中。

3. 产品纯化

将馏出液小心转移至分液漏斗中，加 10mL 水洗涤，分出下层有机相到锥形瓶中（具体操作见 2.2.1）；振荡后向锥形瓶中逐滴加入 4mL 浓硫酸，然后转移至分液漏斗，分去硫酸层[7]；有机层依次用 6mL 水、6mL 10%碳酸钠溶液、6mL 水各洗一次至中性。将洗涤后的产物转移到干燥的具塞锥形瓶中，加入适量无水氯化钙干燥 1h，间歇摇动锥形瓶。

4. 产品精制

将干燥好的产物用塞有棉花的小漏斗滤掉干燥剂（实验装置见图 2-22），转入干燥蒸馏瓶中蒸馏，收集 99～103℃的馏分。称量，计算产率。

正溴丁烷为无色透明液体，b. p. 101. 6℃，d_4^{20} 1. 270，n_D^{20} 1. 4399。

五、实验流程

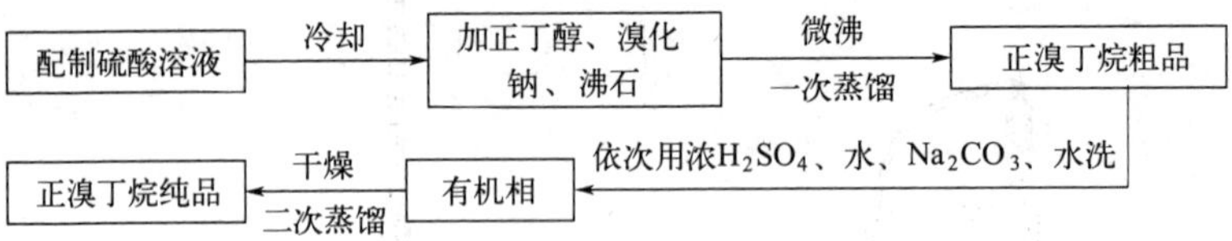

六、注释

[1] 因反应中有溴化氢、溴、二氧化硫等酸性气体生成，故需要在制备装置中连接气体吸收装置，漏斗口位置应以刚好接触液面为宜，不可完全浸没，实验时应保证装置气密性良好。

[2] 用水适当稀释浓硫酸可减弱硫酸氧化性，减少副反应发生；并可在反应时减少溴化氢的挥发，避免产生大量气泡。

[3] 冷却的目的是避免溴化氢的挥发及氧化等副反应发生。

[4] 分批加入溴化钠可防止其结块。

[5] 有效控制加热速率可避免因升温太快造成的物料损失和副反应增多等问题。

[6] 在馏出物澄清或烧瓶中上层油状物消失时可认为产物已经完全蒸出。

[7] 浓硫酸洗涤操作时，待处理有机相中应避免混入大量水，滴加浓硫酸应在锥形瓶或小烧杯中进行，搅拌均匀后再使用分液漏斗分液。

七、思考题

1. 为何碱液吸收装置中的漏斗不可完全浸没？

2. 实验的主要副反应有哪些？这可能使溴丁烷粗品中含有哪些杂质？如何除去这些杂质？

3. 在实验后处理过程中，为何先对粗品进行水洗，而后再进行酸洗，为何不能颠倒二者次序？

4. 在反应中会生成溴，如何除去该杂质？

5. 分液时如何判断有机相位置？为何分液过程中，特别是使用碳酸钠等洗液洗涤时要放气？

实验十七　乙酸乙酯的合成

一、实验目的

1. 了解从有机酸合成酯的一般原理和方法。

2. 巩固回流、蒸馏和分液等基本操作。

二、实验原理

乙酸乙酯是一种在工业和商业上用途广泛的化合物。实验室中，常用冰醋酸和乙醇在酸催化下，通过酯化反应来制备。

反应式如下：

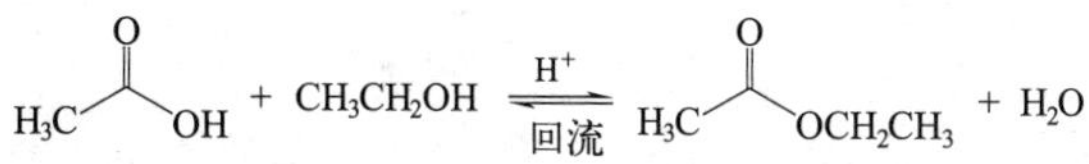

可能发生的副反应：

$$2C_2H_5OH \xrightarrow[130\sim150℃]{H^+} C_2H_5OC_2H_5 + H_2O$$

$$C_2H_5OH \xrightarrow[160\sim180℃]{H^+} CH_2 = CH_2 + H_2O$$

$$C_2H_5OH \xrightarrow[>180℃]{H^+} CO_2\uparrow + C + H_2O$$

该反应为可逆反应，升高温度和使用催化剂可加快反应达到平衡的速度，此时酯的生成量不再增加。为了提高产量，可以增加一种反应物的浓度，或移去生成物以促进反应正向进行。在工业生产中，一般采用加入过量乙酸的方式，以便使乙醇转化完全，避免由于乙醇和水及乙酸乙酯形成二元或三元恒沸物给分离带来困难。本实验出于对反应物成本的考量，通过加入过量乙醇的方式，提高收率。反应中的酸催化剂可选用浓硫酸等无机酸或对甲苯磺酸等有机酸，从取用方便和安全性方面考虑，本实验采用的是对甲苯磺酸。

三、实验试剂和仪器装置

1. 试剂

冰醋酸、乙醇、对甲苯磺酸、饱和碳酸钠溶液、石蕊试纸、饱和氯化钠溶液、饱和氯化钙溶液、无水硫酸钠。

2. 仪器装置

电热套、烧瓶、球形冷凝管、直形冷凝管、温度计、锥形瓶、烧杯、滴管、量筒、分液漏斗。

实验装置如图 3-2 所示。

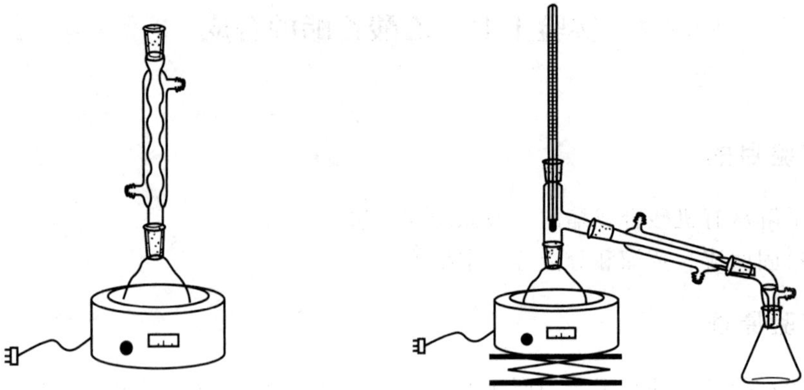

(a) 简单回流装置　　(b) 常压蒸馏装置

图 3-2　制备乙酸乙酯的主要装置

四、实验步骤

1. 加料

在 100mL 圆底烧瓶中，加入 7.5mL（0.13mol）冰醋酸[1]、12mL（0.21mol）无水乙醇、3g 对甲苯磺酸[2]、磁子。

2. 反应

打开磁力搅拌器，缓慢加热至沸腾，至有回流液出现，保持回流状态 45min，调节加热速度，使上升的蒸气不超过球形冷凝管的第二个球[3]。

3. 粗产品的分离

停止加热，反应液冷却后，将回流装置改为蒸馏装置，进行第一次蒸馏，收集 80℃以下的馏分。

4. 产品的纯化

将馏出液转移至 100mL 锥形瓶或小烧杯中，慢慢滴加饱和碳酸钠溶液，并不断振荡，直到水层对石蕊试纸试验呈碱性，酯层对石蕊试纸试验呈中性为止[4]。将上述溶液转移至分液漏斗中，充分振荡（注意及时放气）后静置，分去下层水层（具体操作见 2.2.1）；酯层加 10mL 饱和氯化钠水溶液洗涤[5]，静置，弃去水层。酯层再用 20mL 饱和氯化钙水溶液分 2 次洗涤[6]，弃去下层液。然后将有机层从漏斗上口倒入干燥的 50mL 具塞锥形瓶中，加适量的无水硫酸钠干燥 0.5～1h，期间间歇摇动锥形瓶，至溶液澄清为止（干燥剂的使用见 2.5.1）。

5. 产品精制

将干燥好的乙酸乙酯滤入 100mL 圆底烧瓶中（装置见图 2-22），加入沸石，缓慢加热蒸馏，收集 73～78℃的馏分[7]。

称重，计算乙酸乙酯的产率，测定其折射率。

乙酸乙酯：b. p. 77.1℃，d_4^{20} 0.9003，n_D^{20} 1.3727。

五、实验流程

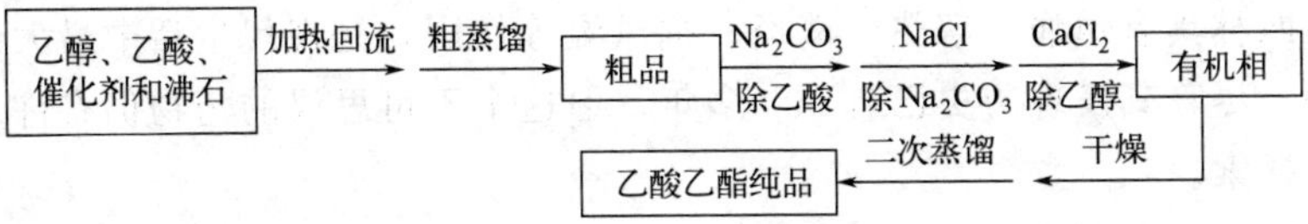

六、注释

[1] 冰醋酸有挥发性和刺激性，应在通风橱中取用。

[2] 酯化反应通常使用浓硫酸做催化剂，本实验中采用有机酸对甲苯磺酸催化，避免了浓硫酸使用时的潜在危险，但催化剂使用量应有所增加。

[3] 温度高，副反应多，同时还有可能导致原料的损失；温度低，反应慢，产率低。

[4] 加入饱和碳酸钠水溶液可以去除粗乙酸乙酯中的乙酸，红色石蕊试纸变蓝视为碱性。

[5] 饱和氯化钠水溶液洗涤的目的是除去酯层中的碳酸钠。若碳酸钠除不尽，会和加入的氯化钙形成碳酸钙沉淀，影响分液。使用饱和氯化钠水溶液，可降低乙酸乙酯在水中的溶解度，减少产品损失。

[6] 饱和氯化钙水溶液洗涤的目的是去除酯中残余的乙醇。

[7] 乙酸乙酯与水或乙醇可生成共沸化合物，若三者共存则生成三元共沸物，因此，酯层不除净杂质或干燥不完全时，由于形成低沸点的共沸物，会影响到酯的产率。三者的共沸物组成见表 3-1。

表 3-1　乙酸乙酯与水或乙醇共沸物的组成

沸点/℃	组成(体积分数)		
	乙酸乙酯	乙醇	水
70.2	82.6	8.4	9.0
70.4	91.9	—	8.1
70.8	69.0	31	—

七、思考题

1. 该反应中，哪种物料是过量的？反应收率应如何计算？
2. 除本实验采用的方法外，获得酯类化合物的方法还有哪些？
3. 实验中催化剂的作用是什么？
4. 为何精制过程中，洗涤的顺序不可颠倒，每种洗液去除的对象是什么？
5. 为何使用饱和 NaCl 溶液去除 CO_3^{2-}，而不是水洗去除？

实验十八　阿司匹林（乙酰水杨酸）的合成

阿司匹林具有镇痛、解热、消炎、抗风湿等作用，是现代生活中最大众化的万用药之一。尽管其发现历史已有 200 多年，但这个不可思议的药物仍有许多奥妙需要我们去探索。

阿司匹林的主要成分为乙酰水杨酸，该药物对消化道的刺激作用比水杨酸弱，且具有解热镇痛、抑制诱发心脏病、防止血栓生成及预防中风等疗效，在治疗感冒和预防心脑血管疾病等领域广泛应用。尤其是其具有抑制前列腺素（PG）合成及干预血小板功能等作用而广泛用于预防脑血栓、心肌梗死等心脑血管疾病。同时，现代临床药理研究表明，阿司匹林还可促进免疫分子——干扰素和白细胞介素-1的生成，因此具有增强免疫、抗癌、抗艾滋病的作用。

一、实验目的

1. 掌握合成乙酰水杨酸的反应原理。
2. 掌握水浴加热的方法及操作。
3. 掌握冷却析晶、过滤、洗涤、酸化等后处理方法及操作。

二、实验原理

乙酰水杨酸通常由水杨酸和乙酸酐合成。作为双官能团化合物，水杨酸既可在羟基部位发生酯化反应，也可以在羧基部位发生酯化反应。乙酸酐和水杨酸的羟基发生反应生成乙酰水杨酸。

反应式如下：

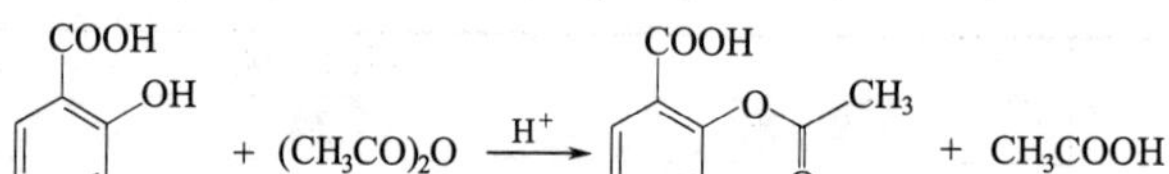

乙酰水杨酸分子间可发生缩合反应生成少量的聚合物，为该实验的主要副反应。该聚合物不溶于碳酸氢钠溶液，利用该性质可将其从乙酰水杨酸粗品中除去。

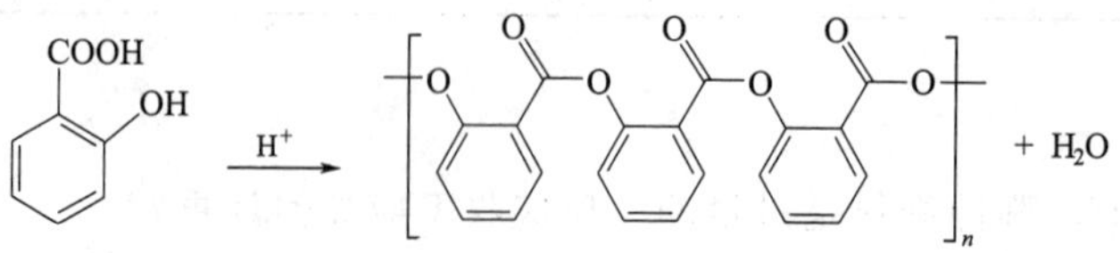

三、实验试剂和仪器装置

1. 试剂

水杨酸、乙酸酐、饱和碳酸氢钠溶液、浓硫酸、浓盐酸、1%三氯化铁溶液。

2. 仪器装置

锥形瓶、小烧杯、玻璃棒、滴管、布氏漏斗。

实验装置如图 3-3 所示。

四、实验步骤

1. 合成

在 100mL 锥形瓶或圆底烧瓶中加入 6.25mL 乙酸酐、2.5g 水杨酸和 5 滴浓硫酸，摇动反应瓶使水杨酸尽量溶解完全（会有少量不溶物）。向 500mL 大烧杯中加入 200～300mL 水，按图 3-3 安装好简易水浴加热装置，水浴温度控制在 85～90℃，在此温度下反应 30min[2]。

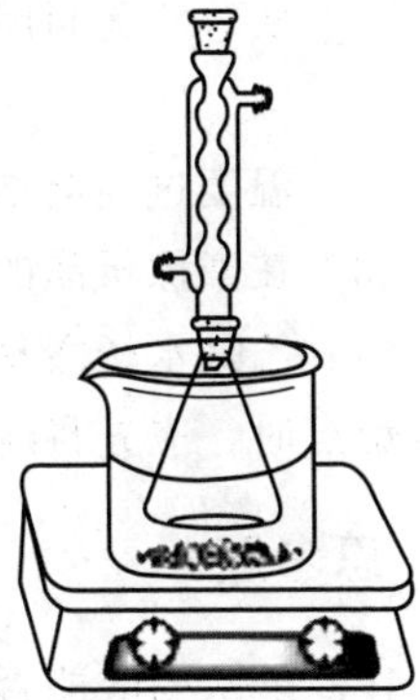

图 3-3 简易水浴加热装置[1]

2. 分离

取出反应瓶，加入 50mL 水后置于冰水中冷却 5min，期间不断用玻璃棒摩擦瓶壁，促使晶体析出[3]。若有晶体析出，减压抽滤并用冰水洗涤结晶[4]，所得粗产物转移至 150mL 烧杯中；若无晶体析出，倾出上层水相，保留下层油状物。

3. 纯化

随后向晶体或油状物中加入 30mL 饱和碳酸氢钠溶液，不断搅拌至无气泡产生，若仍有气泡，则加入少量碳酸氢钠固体后搅拌至无气泡生成，体系中最后仍存在少量油状物，此为副产物。

常压过滤除去油状物，滤液转移至 150mL 烧杯中，不断搅拌下滴加 5mL 或更多浓盐酸，直至 pH 显酸性。冰水冷却 5min 后，析出大量白色晶体，抽滤并用冰水洗涤结晶两次，抽干后，将晶体转移至表面皿上，在红外灯下干燥产物。称重，计算产率。

4. 产物分析

（1）在一支试管中放入少许产品，加水溶解，滴入几滴三氯化铁溶液，观察现象。同时用原料水杨酸作对比试验。

（2）测熔点

用熔点仪测定所合成的乙酰水杨酸的熔点，并与理论值对比，判断纯度。

乙酰水杨酸：m. p. 133～135℃。

五、实验流程

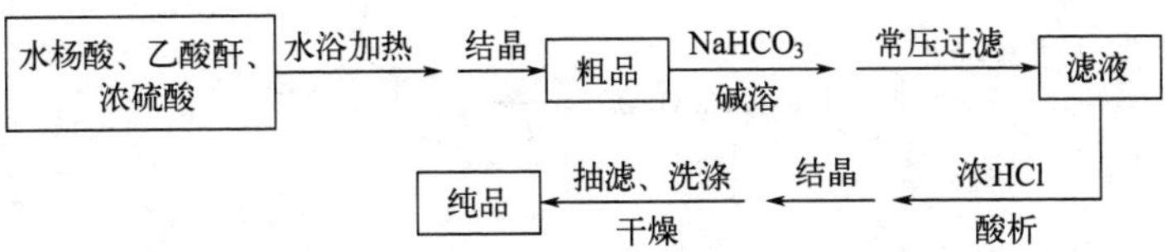

六、注释

［1］实验室无封闭电炉或加热板时，可使用电热套加热盛水的大烧杯进行水浴加热。

［2］温度过高会增加副产物的生成。

［3］在摩擦析晶的同时，加入少许乙酰水杨酸粉末可促进结晶。

［4］乙酰水杨酸易受热分解，因此熔点不明显，它的分解温度为 128～135℃，测定熔点时，应先将熔点仪预热至 110℃左右，然后放入样品测定。

七、思考题

1. 乙酰水杨酸能否在碱催化下由水杨酸和乙酸酐制备？写出方程式，并阐述理由。

2. 本实验中有哪些副产物，是如何除去的？

3. 乙酰水杨酸在沸水中分解，其产物与三氯化铁有显色反应，写出方程式，并解释这一现象。

实验十九　苯乙酮的合成

苯乙酮是最简单的芳香酮，为无色晶体或浅黄色油状液体，以游离态存在于一些植物精油中，有山楂的香气。苯乙酮主要用作制药及其他有机合成的原料，也用于配制香料，调配樱桃、坚果、番茄、草莓、杏等食用香精，还可用作纤维素醚等的溶剂以及塑料的增塑剂，有催眠作用。

一、实验目的

1. 掌握 Friedel-Crafts 反应合成苯乙酮的原理和操作。

2. 掌握气体吸收装置的安装与使用方法。

3. 掌握液体的滴加操作。

二、实验原理

苯乙酮可由苯与乙酸酐经 Friedel-Crafts 酰基化反应制得，反应式如下：

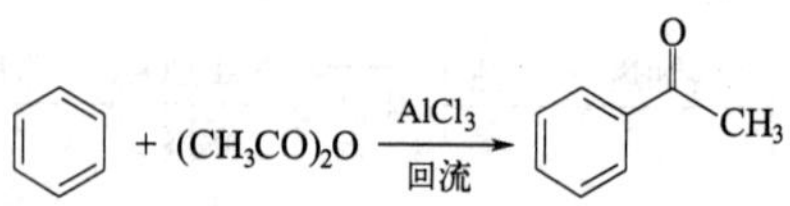

三、实验试剂和仪器装置

1. 试剂

无水苯、醋酸酐、无水三氯化铝、浓盐酸、石油醚、氢氧化钠、无水硫酸钠。

2. 仪器装置

三口瓶、球形冷凝管、直型冷凝管、空气冷凝管、滴液漏斗、温度计。

实验装置如图 3-4 所示。

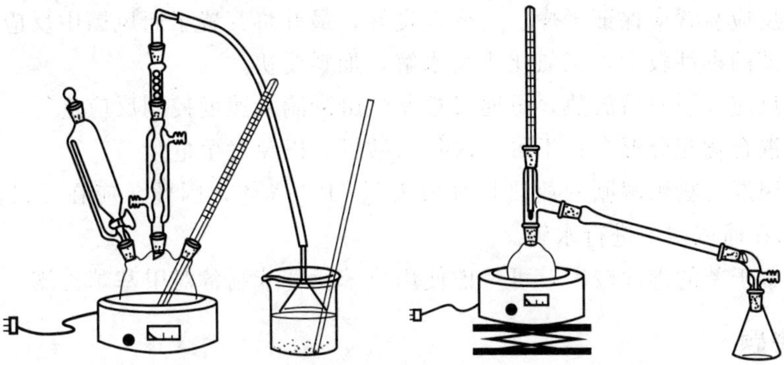

(a) 带干燥和气体吸收装置的滴加回流装置　　(b) 空气冷凝蒸馏装置

图 3-4　制备苯乙酮的主要装置

四、实验步骤

1. 合成

在 100mL 干燥三口瓶中[1]，加入 12g 无水三氯化铝、16mL 无水苯[2]。按照图 3-4(a)安装好仪器，从滴液漏斗缓慢滴加 4mL(0.084mol)乙酸酐，开始少加几滴，待反应后再继续滴加，并不断振摇烧瓶[3]。滴加速度以使烧瓶稍热为宜，不可滴加过快，滴加时间以 15～20min 为宜。在水浴上加热回流至无氯化氢逸出(可以湿润 pH 试纸检验)。

2. 后处理

停止加热，待反应液冷却后，将其倒入 25mL 浓盐酸和 25g 碎冰的烧杯中水解[4]。固体完全溶解后，以分液漏斗分离有机相，水相以石油醚（2×5mL）萃取后与有机相合并，依次以 7mL 5%的 NaOH 和 7mL 水各洗涤一次至中性。有机相以无水硫酸钠干燥。

3. 纯化

干燥后的有机相以水浴蒸出苯和石油醚，改用空气冷凝管，收集 198～202℃的馏分。

苯乙酮：b. p. 202.3℃，m. p. 20.5℃，n_D^{20} 1.5372[5]。

五、实验流程

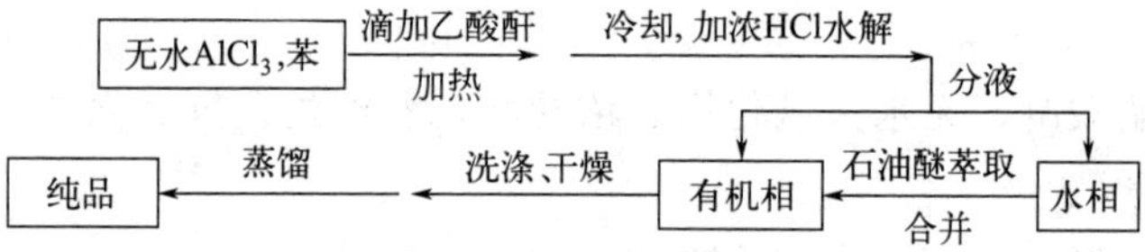

六、注释

[1] 反应装置应保证干燥、气密性良好，最好将其置于通风橱中反应。

[2] 苯的毒性较大，三氯化铝易水解，加料要快。

[3] 反应在引发后放热，可通过控制酸酐的滴入速度控制反应进行，并通过振摇使反应混合物充分混合；不可一次加入酸酐，以免发生危险。

[4] 因混合物水解剧烈放热且释放大量 HCl 气体，因此，应在冷却后使用浓盐酸-冰水在通风橱中进行水解。

[5] 鉴于苯的毒性较大，可考虑使用甲苯代替苯制备对甲基苯乙酮。

七、思考题

1. 为何该反应装置要保证干燥？水对该反应有何影响？
2. 无水三氯化铝的作用是什么？
3. 为何使用浓盐酸-冰水对混合物进行水解？
4. 该反应除使用酸酐进行酰化外，还可使用何种酰化试剂？

实验二十 糠酸（呋喃甲酸）和糠醇（呋喃甲醇）的合成

糠醛是呋喃环系最重要的衍生物，其化学性质活泼，可以制取众多的衍生物，广泛应用于合成塑料、医药、农药等领域。利用糠醛可以制备糠醇和糠酸等下游产品，糠醇是呋喃树脂的主要生产原料，还可做防腐树脂、制药原料；糠酸可用于合成甲基呋喃、糠酰胺及糠酸酯和盐，可用于制备增塑剂、热固性树脂、食品防腐剂、涂料添加剂及医药与香料中间体等领域。

一、实验目的

1. 掌握康尼查罗反应的原理和合成操作。
2. 巩固滴加、搅拌、控温、提取、蒸馏、重结晶等操作。

二、实验原理

康尼查罗（Cannizzaro）反应是指不含 α-H 的醛在强碱作用下发生的歧化反

应，一分子醛转化为酸，另一分子醛转化为醇，其底物多为芳香醛或α,α,α-三取代乙醛。利用该反应可以由糠醛制备糠醇和糠酸。糠醛由戊聚糖在酸的作用下生成戊糖，再由戊糖脱水环化而成，原料为玉米芯、花生壳等农副产品。

反应式如下：

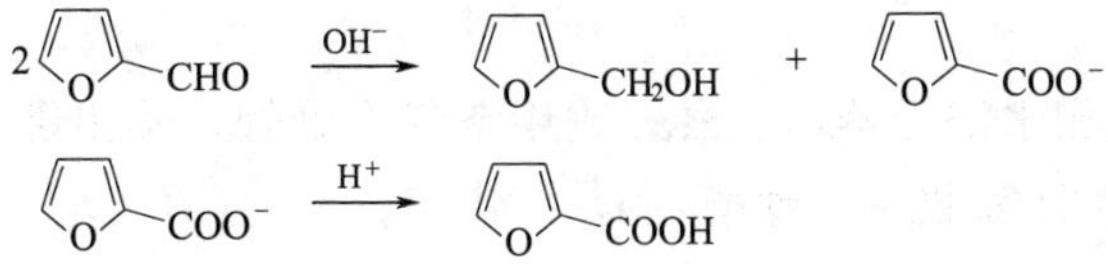

三、实验试剂和仪器装置

1. 试剂

糠醛（新蒸）、氢氧化钠、乙醚、无水碳酸钾、浓盐酸、pH 试纸、活性炭。

2. 仪器装置

锥形瓶、量筒、玻璃棒、分液漏斗、空气冷凝管、温度计、长颈漏斗、热滤漏斗。

实验装置如图 3-5 所示。

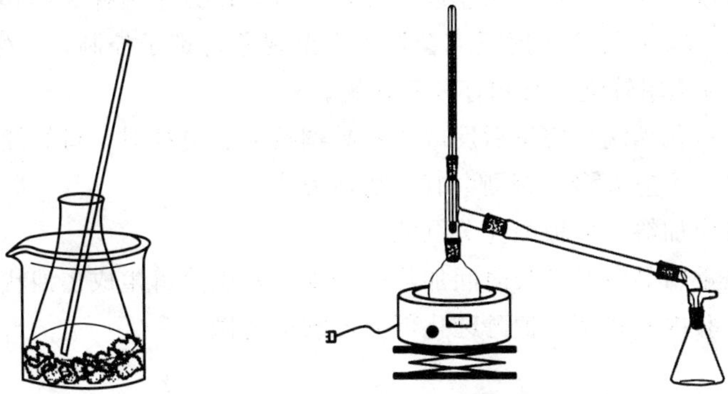

(a) 简易低温反应装置　　(b) 空气冷凝的蒸馏装置

图 3-5　制备糠酸和糠醇的主要装置

四、实验步骤

1. 合成

在 100mL 的锥形瓶中，放置 7.2g 新蒸糠醛，浸于冰水浴中冷却。取 3.0g 氢氧化钠与 5.0mL 水配成溶液，于冰水浴冷却下缓慢滴加到糠醛中，滴加时必须保持温度在 8～12℃之间[1]，加完后继续搅拌 0.5h，待瓶内出现大量糊状固体，停止搅拌，静置 10min[2]。

2. 分离

加入约 7mL 水使固体恰好溶解[3]，得暗红色溶液。将溶液倾入分液漏斗中，以乙醚（4×7.5mL）提取，合并有机相，使用无水碳酸钾干燥，水相保留待用。

3. 纯化

水相在搅拌下慢慢滴加约 6mL 浓盐酸，使 pH＝1～2[4]。冰水浴冷却，过滤生成的固体，少量冰水洗涤 2 次，抽干，得糠酸。粗品溶于适量热水，加适量活性炭脱色[5]，热过滤，结晶、过滤、干燥，得产品，计算收率。糠酸：白色晶体，m. p. 130℃。

干燥后的有机相水浴上蒸出乙醚，改用空气冷凝管，蒸出糠醇[6]，收集 169～172℃馏分。称重，计算收率。糠醇：n_{D}^{20} 1.4868。

五、实验流程

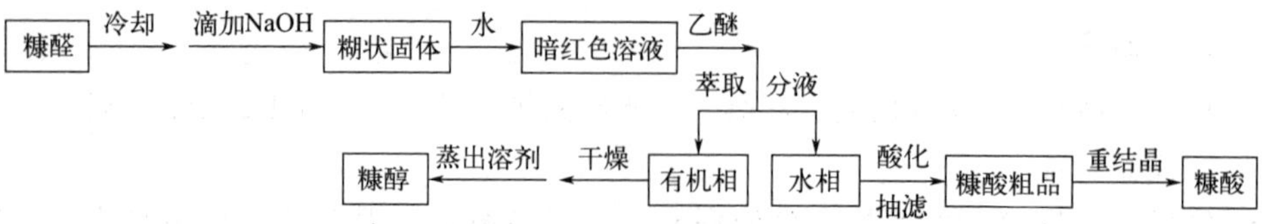

六、注释

[1] 该反应以使用广口三角瓶或小烧杯为宜，以方便搅拌和物料转移。反应温度应在 10℃左右，12℃以上时反应会发生飞温现象，难于控制，产生大量副产物；低于 8℃时反应速率较慢，会积存氢氧化钠。

[2] 当氢氧化钠滴加完毕后反应体系黏稠致无法搅拌时，可继续后续反应。

[3] 加水量不应太多，否则会有产物损失。

[4] 酸量应加够，使糠酸充分沉淀。

[5] 糠酸重结晶时避免长时间加热，否则会发生分解生成焦油状物质。

[6] 该实验内容较多，糠醇纯化部分可酌情选做。

七、思考题

1. 写出苯甲醛与甲醛在浓碱下反应的方程式。

2. 如何通过康尼查罗反应将糠醛全部转化为糠醇？除该反应外，有无其他方法？

3. 该反应在滴加 NaOH 溶液时为什么要充分搅拌？

4. 丙醛或三甲基乙醛能否在上述条件下发生康尼查罗反应，在合成上有无应用价值？

实验二十一　乙酰苯胺的合成

胺类化合物的酰化反应在有机合成中有着重要的作用。由于酰胺自身的稳定性，它可以用来保护氨基在反应过程中不被破坏。另外，许多重要的药物和天然产物中也都含有酰胺的结构。乙酰苯胺俗称“退热冰”，早期曾用作退热药，目前主要用作制药、染料及橡胶工业的原料。

一、实验目的

1. 掌握苯胺乙酰化的反应原理和实验操作。

2. 巩固重结晶法提纯有机化合物的原理与方法。

二、实验原理

芳胺的酰基化反应在有机合成中具有重要用途，由于芳环上的氨基易被氧化，在有机合成中为了保护氨基，经常将其乙酰化转化为乙酰苯胺，然后再进行其他反应。

胺类化合物可与酰氯、酸酐或羧酸进行酰胺化反应。其中酰氯和酸酐在常温条件下就可以快速地与胺类化合物反应生成酰胺，而羧酸与胺类化合物反应比较慢，需要较长的反应时间，并需要加热。但羧酸试剂价廉易得，因此比较适合规模较大的酰胺类化合物的制备。

反应式如下：

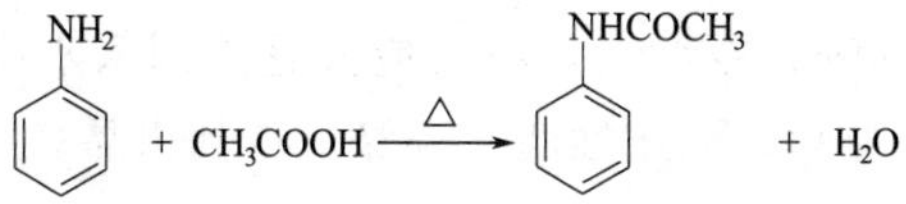

为了提高乙酰苯胺的产率，一般采用冰醋酸过量的方法，同时利用分馏柱将反应中生成的水从反应体系中移去，促进反应平衡向右移动。可加入少量锌粉，防止苯胺在反应过程中的氧化。

三、实验试剂和仪器装置

1. 试剂

苯胺、冰醋酸、锌粉、水、活性炭等。

2. 仪器装置

圆底烧瓶、韦氏分馏柱、温度计、温度计套管、真空接引管、锥形瓶、量筒、滴管、电热套、烧杯、玻璃棒、热滤漏斗、酒精灯、玻璃漏斗、布氏漏斗、抽滤瓶、表面皿。

实验装置如图 3-6 所示。

四、实验步骤

1. 合成

在圆底烧瓶中加入 0.1g 锌粉[2]、5mL（0.055mol）苯胺和 7.5mL（0.13mol）冰醋酸[3]。由于反应中生成的水较少，因此可用简易分馏装置，如图 3-6(a)所示。

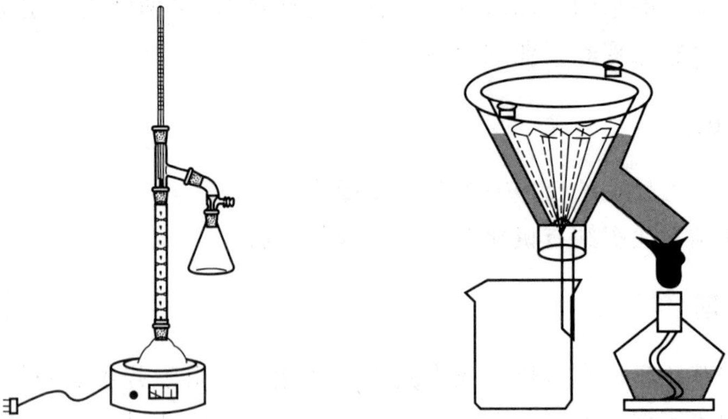

(a) 简单分馏装置[1]　　　　(b) 热过滤装置

图 3-6　制备乙酰苯胺的主要装置

用电热套缓慢加热，使反应维持微沸 15min，然后逐渐升高温度，当温度计读数达到 100℃左右时，支管即有液体流出，维持馏出液温度在 100～105℃之间，反应 45min[4]。停止加热，稍冷却[5]。

2. 结晶抽滤

在烧杯中加入约 100mL 冷水[6]，将反应液趁热倒入水中，边倒边搅拌，此时有白色晶体析出。充分冷却，减压抽滤、洗涤，得到粗品。

3. 重结晶

将粗产品转移到烧杯中，加入约 100mL 水，进行重结晶。干燥、称重、计算收率，测产品的熔点，然后将其回收至指定的回收瓶中。

乙酰苯胺为无色片状晶体，m. p. 114℃。

五、实验流程

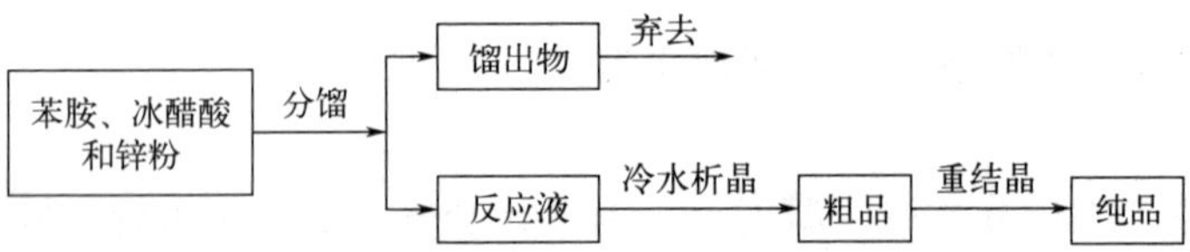

六、注释

[1] 韦氏分馏柱以毛巾或石棉布包裹后有利于柱内形成稳定的温度梯度，利于分出产物水。

[2] 锌粉的作用是防止苯胺在高温下的氧化，锌粉加入时应使用纸槽倾入烧瓶，防止黏在烧瓶磨口上。

[3] 苯胺为无色或淡黄色液体，易被氧化为深棕色，含有许多杂质，因此使用前最好重蒸处理。因苯胺和乙酸酐有一定毒害作用，需在通风橱中取用，避免接触皮肤。

［4］温度低于100℃，难以蒸出水；高于105℃，冰醋酸蒸出太多。在实际反应中生成的水较少，因此温度维持在100～105℃的时间会很短，温度计读数一般为70～80℃。

［5］烧瓶内混合物冷却至85℃左右为宜，温度太高遇水会发生喷溅，太低会使产物在烧瓶中结块，难于转移。

［6］溶剂水的量可根据粗产物的量酌情增减。

七、思考题

1. 从化学平衡移动的角度解释为何该实验采用韦氏分馏装置。
2. 为何锌粉不能黏附在烧瓶磨口部位？
3. 反应混合物转移前温度太低生成的固体是什么？
4. 为何粗产物析晶和重结晶都需要充分冷却？
5. 为何反应投料是乙酸过量，而非苯胺过量？
6. 反应收率以何种物质为依据进行计算？
7. 乙酰苯胺的制备有无其他方法？
8. 氨基乙酰化后对苯环有何影响？

实验二十二　甲基橙的合成

一、实验目的

1. 掌握芳基重氮盐的制备方法及偶联反应的原理与操作。
2. 掌握低温下化学反应的操作及实验中温度的控制方法。
3. 巩固重结晶的原理及操作。

二、实验原理

甲基橙是常用的酸碱指示剂，可通过对氨基苯磺酸和 *N*,*N*-二甲基苯胺由重氮化偶联反应制备。

反应式如下：

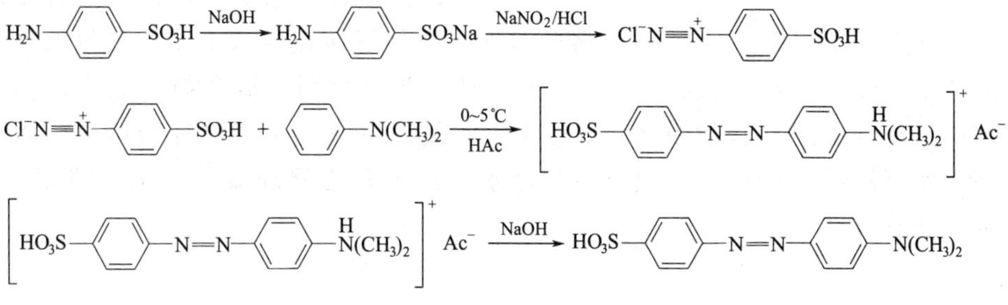

三、实验试剂和仪器装置

1. 试剂

对氨基苯磺酸、5%氢氧化钠水溶液、10%亚硝酸钠水溶液、浓盐酸、*N*,*N*-二甲基苯胺、冰醋酸、石蕊试纸、淀粉-碘化钾试纸、尿素。

2. 仪器装置

小烧杯、玻璃棒、试管、滴管。

实验装置如图 3-7 所示。

图 3-7 低温溶液的配制装置及简易低温反应装置

四、实验步骤

1. 重氮盐的制备

在 100mL 小烧杯中加入 10mL 冰水和 3mL 浓盐酸，在冰水浴下冷却至 0～5℃（溶液 1）[1]；在另一烧杯中加入 1.73g（0.01mol）对氨基苯磺酸，再加入 10mL5%的氢氧化钠溶液，搅拌下使固体溶解，可稍加热[2]，以石蕊试纸检验溶液呈碱性，向上述溶液中加入 7mL（0.01mol）10%的亚硝酸钠水溶液，混合均匀，在冰水浴下冷却至 0～5℃（溶液 2）[3]。在搅拌下将对氨基苯磺酸与亚硝酸钠的混合液缓慢滴入上述盐酸溶液中，滴加过程中控制反应温度低于 5℃，并保持溶液呈酸性[4]，混合液继续在冰浴下搅拌 15min，此时应有重氮盐晶体析出，以淀粉-碘化钾试纸检验亚硝酸是否过量[5]。重氮盐溶液在冰水浴下保持 0～5℃，备用。

2. 偶联反应

将 1.3mL（0.01mol）*N*,*N*-二甲基苯胺与 1mL 冰醋酸均匀混合后置于冰浴中冷却至 5℃以下（溶液 3），将此溶液在搅拌下缓慢滴入上步所制得的重氮盐溶液中。滴毕，继续搅拌 10min。此时体系为红色固液混合物[6]。在冰浴冷却搅拌下，向上述混合物中滴加 5%的氢氧化钠溶液，至产物变为橙色。将所得颗粒状沉淀减压抽滤，依次以少量冰水、乙醇和乙醚洗涤[7]。低温烘干[8]、称重并计算收率。

五、实验流程

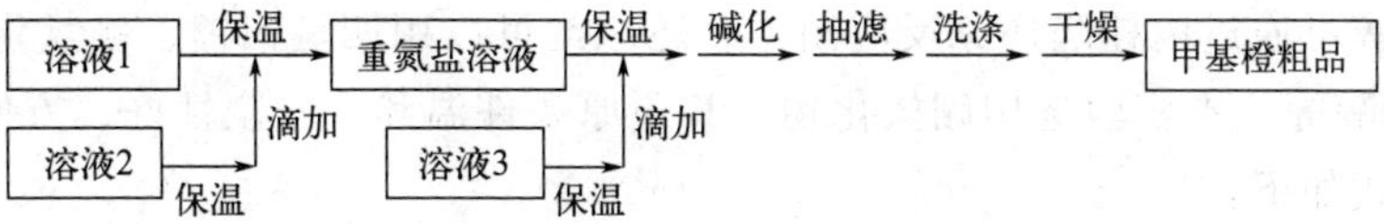

六、注释

[1] 重氮化反应及偶联反应均需在低温下进行，溶液应事先冷却备用。

[2] 此法可促进对氨基苯磺酸溶解。

[3] 同注释 [1]，低温可减少副反应和产物分解。

[4] 此操作是为了产生亚硝酸，以生成重氮盐。

[5] 亚硝酸具有氧化性，可使淀粉-碘化钾试纸变蓝；可用尿素除去过量的亚硝酸。

$$2HNO_2 + NH_2CONH_2 \longrightarrow CO_2 + 2N_2 + 3H_2O$$

[6] 溶液此时为弱酸性。

[7] 乙醇和乙醚洗涤的目的是促进产物干燥。

[8] 在碱性条件下，温度太高会导致粗甲基橙变质，故应低温干燥，在 75℃以下烘干。粗甲基橙可以用热水进行重结晶。

七、思考题

1. 该实验最为关键的条件是什么？
2. 为何在弱酸性介质中进行偶联反应？
3. 实验中如何提高对氨基苯磺酸的溶解性？
4. 甲基橙变色的原理是什么？

实验二十三　肉桂醇的合成

肉桂醇为我国允许使用的食品香料，主要用于配制杏、桃、树莓、李等水果香精、化妆品香精和皂用香精，常与苯乙醛共用，是调制洋水仙香精、玫瑰香精等不可缺少的香料；还可用于配制水果型食用香精和白兰地酒用香精，可在口香糖、烘烤食品、糖果、饮料中使用；也是制备萘替芬、托瑞米芬、氟桂利嗪等药物的重要中间体。

一、实验目的

1. 掌握用硼氢化钠还原法制备肉桂醇的原理及操作。
2. 巩固回流、萃取和重结晶等基本操作。

二、实验原理

肉桂醇可通过肉桂醛还原反应制备。还原剂可以用四氢铝锂、硼氢化钠、异丙醇铝-异丙醇等。本实验选用硼氢化物，其还原条件温和、安全性好、方便易行。

反应式如下：

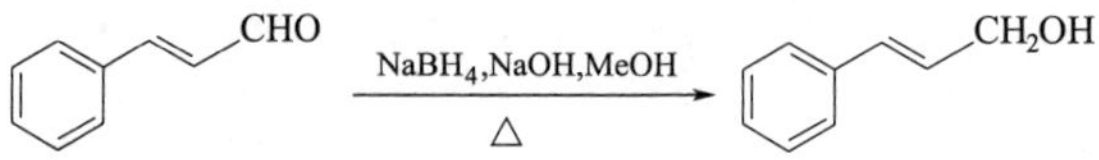

三、实验试剂和仪器装置

1. 试剂

肉桂醛、硼氢化钠、0.2mol/L 的氢氧化钠-甲醇溶液、甲醇、乙醚、石油醚。

2. 仪器装置

圆底烧瓶、冷凝管、分液漏斗、磁力搅拌器。

实验装置如图 3-8 所示。

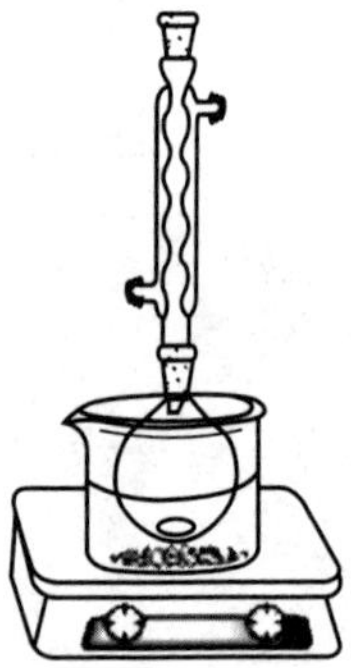

图 3-8　水浴加热回流装置

四、实验步骤

1. 合成

在 25mL 圆底烧瓶中加入 2.5g（0.019mol）肉桂醛，0.5g（0.013mol）硼氢化钠和 5mL 0.2mol/L 的氢氧化钠-甲醇溶液。在水浴上加热回流 20min。

2. 后处理

待反应液冷却后，加入 5mL 水并摇匀。在分液漏斗中用乙醚（2×20mL）分两次萃取，合并醚层用水洗涤一次。

3. 提纯

将醚层常压蒸馏，得黄色油状物，以冰盐浴冷却得粗产品晶体[1]。粗产品以石油醚重结晶得肉桂醇晶体。风干[2]、称重，计算收率。

肉桂醛：m.p. 33℃。

五、实验流程

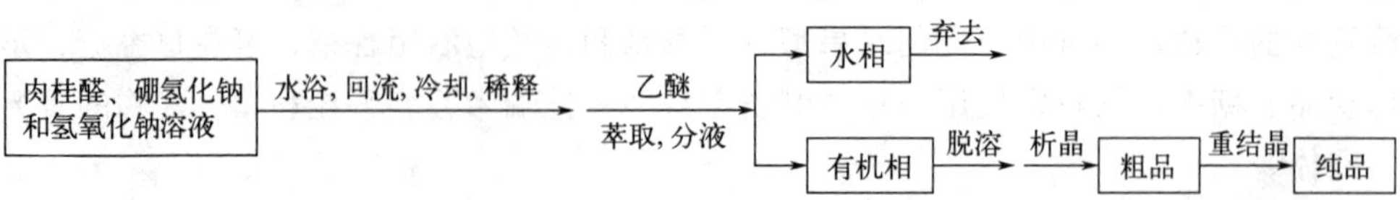

六、注释

[1] 因产物熔点较低，故使用冰盐浴冷却结晶。

[2] 不可在红外灯下烘烤。

七、思考题

1. 有机化学还原反应中的还原剂有哪些？其还原能力有无差异？
2. 催化氢化还原肉桂醛能否得到肉桂醇？
3. 该实验中的原料肉桂醛如何制备？

实验二十四　扁桃酸的合成

一、实验目的

1. 学习相转移催化合成的基本原理。
2. 掌握季铵盐在多相反应中的催化机理和应用。
3. 巩固萃取和重结晶操作。

二、实验原理

扁桃酸（苯乙醇酸）又名苦杏仁酸，为常见的医药中间体，也可做分析试剂。该化合物可通过α,α-二氯苯乙酮或扁桃腈水解制得，但因此方法路线长，收率低，且会使用剧毒的 NaCN，故实验室可采用相转移催化法由二氯卡宾与苯甲醛经“一锅法”反应制得。

反应式如下：

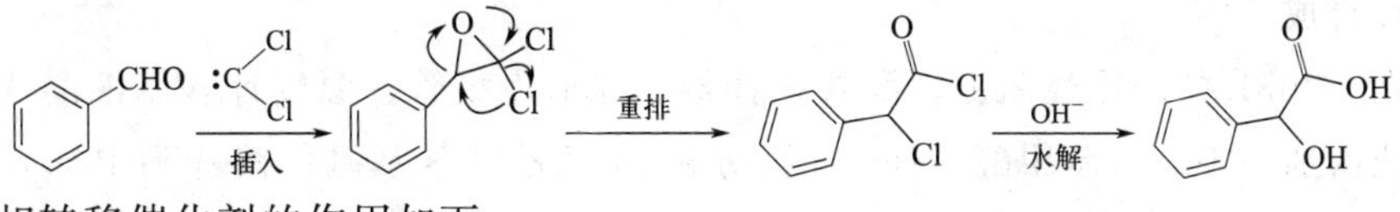

相转移催化剂的作用如下：

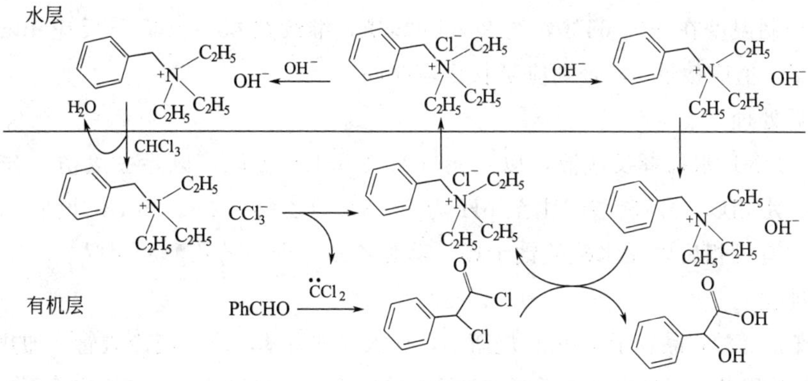

三、实验试剂和仪器装置

1. 试剂

苯甲醛、氯仿、30%氢氧化钠溶液、三乙基苄基氯化铵、乙醚、50%硫酸、甲苯、无水硫酸钠。

2. 仪器装置

三颈烧瓶、温度计、球形冷凝管、电磁搅拌器、恒压滴液漏斗、分液漏斗。

实验装置如图 3-9 所示。

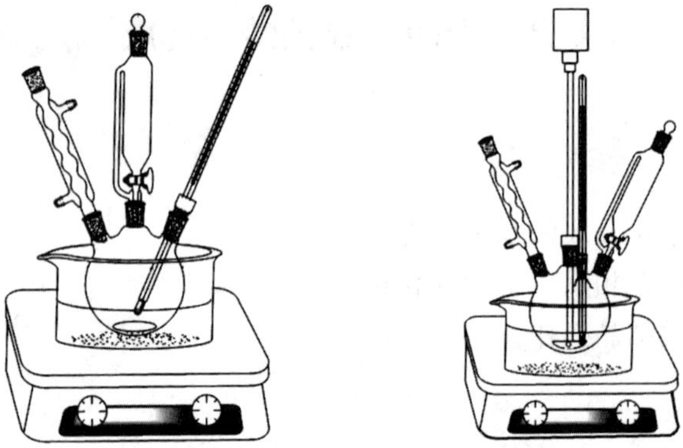

(a) 带磁力搅拌的滴加回流装置　　(b) 带机械搅拌的滴加回流装置

图 3-9　制备扁桃酸的主要装置

四、实验步骤

1. 合成

在 250mL 的圆底烧瓶上，配置搅拌器、球形冷凝管、温度计和滴液漏斗等装置。依次加入 10.1g 苯甲醛、16mL 氯仿和 1g 三乙基苄基氯化铵（TEBA），水浴加热下剧烈搅拌[1]。当温度升至 56℃时，滴加 35mL 30%的氢氧化钠溶液。滴加过程中控制温度在 60～65℃，约 20min 滴毕，继续在 65～70℃下反应 40min。瓶内液体 pH 值应接近 7，否则应延长反应时间。

2. 后处理

用 100mL 水稀释反应液，以乙醚（2×30mL）提取，以除去氯仿，合并醚层待回收。水相以 50%硫酸酸化至 pH 为 2～3，以乙醚（2×30mL）提取产物，萃取，合并有机相后以无水硫酸钠干燥，蒸除乙醚，即得苯乙醇酸粗品。

3. 纯化

将苯乙醇酸粗品置于 100mL 烧瓶中，加入少许甲苯，装回流冷凝管，加热，由回流管口补加甲苯，保持微回流至粗产物恰好溶解[2]。趁热过滤，母液于室温下静置，使结晶慢慢析出，即得苯乙醇酸纯品产品干燥后称重，测定熔点，计算产率。

苯乙醇酸为白色片状晶体，m. p. 120～122℃。

五、实验流程

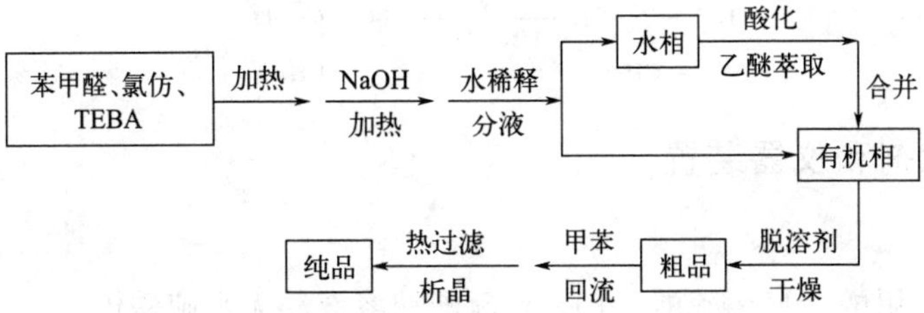

六、注释

[1] 剧烈搅拌有利于相转移催化剂发挥作用，加快反应速率。如果条件允许，可使用机械搅拌装置。

[2] 溶解每克粗品约需要 1.5mL 甲苯，根据粗品质量可估算甲苯的使用量。

七、思考题

1. 季铵盐类相转移催化剂的催化原理是什么？本实验中无相转移催化剂，反应会怎样？

2. 反应结束后为何先用水稀释，后用乙醚萃取，可否直接用乙醚萃取？为什么？

3. 反应终点时为何反应体系接近中性？

4. 体系酸化后，乙醚萃取的组分是什么？

实验二十五　甲基叔丁基醚的合成

一、实验目的

1. 学习混合醚的制备方法及原理。

2. 巩固分馏柱的使用。

3. 学习低沸点馏分的收集及纯化方法。

二、实验原理

大气中的铅尘污染主要来源于汽车尾气的排放。减少汽车尾气铅污染的措施之一是使用无铅汽油。无铅汽油中的抗震剂为甲基叔丁基醚，该化合物抗震性能优良，无污染，工业上易于制备，可由异丁烯和甲醇在强酸性阳离子树脂催化下制备。

实验室中该化合物的合成制备可通过经典的 Williamson（威廉姆逊）合成法，也可通过稀硫酸催化下的分子间脱水实现。这是酸催化下分子间脱水制备混合醚的成功实例。

反应式如下：

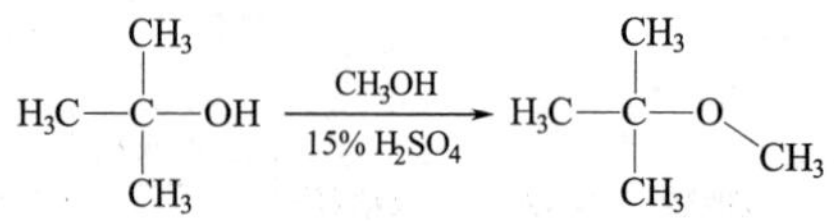

三、实验试剂和仪器装置

1. 试剂

叔丁醇、甲醇、15％硫酸、10％亚硫酸钠溶液、无水硫酸钠。

2. 仪器装置

圆底烧瓶、温度计、分馏柱、蒸馏头、直形冷凝管、接引管、锥形瓶、大烧杯、胶管、分液漏斗等。

实验装置如图 3-10 所示。

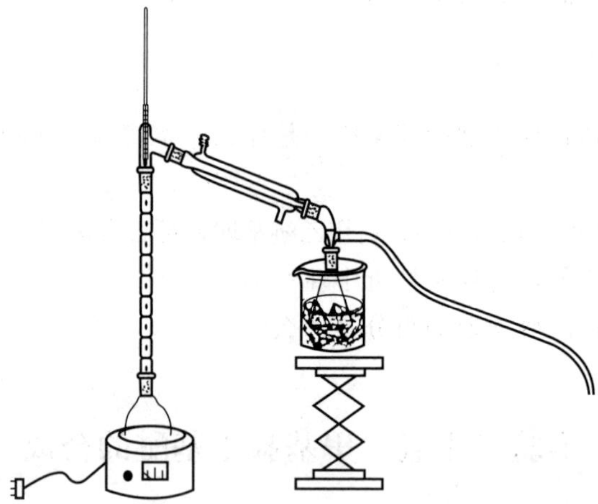

图 3-10　带尾气处理装置的分馏反应装置

四、实验步骤

1. 合成

在 250mL 圆底烧瓶中加入 70mL 15％的硫酸、16mL 甲醇、19mL 叔丁醇，振摇混匀[1]，加入 2 粒沸石，按照图 3-10 安装好仪器[2]，缓慢加热[3]，收集 49～53℃的馏分。

2. 后处理

将收集到的馏分转移至分液漏斗，依次以 15mL 水、10mL 10％亚硫酸钠溶液、10mL 水洗涤，除去醇和可能产生的过氧化物等杂质。当醚层澄清透明时，表明醇已除净，以无水硫酸钠干燥 1～2h。

3. 纯化

蒸馏，收集 53～56℃的馏分。称重、测定折射率、计算产率。

甲基叔丁基醚为无色液体，b.p. 55～56℃，n_D^{20} 1.3690，d_4^{20} 0.740。

五、实验流程

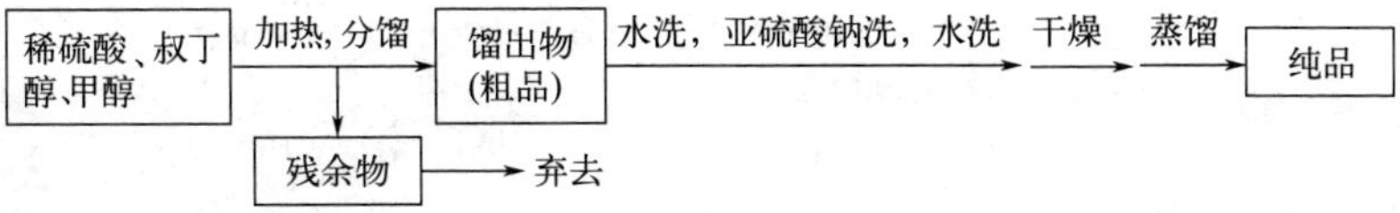

六、注释

[1] 叔丁醇气温较低时为固体，加料时可加入少量水使其液化。

[2] 本实验中的装置较为特殊，因产物沸点较低，故接收瓶应浸没于冰水中；反应可能产生甲醚等易挥发副产物，故将牛角管支口处连接橡胶管导入水槽，并以流水冲洗，防止实验室中甲醚的聚集，同时实验室应保持良好通风。

[3] 为减少副反应，提高收率，加热不可过于剧烈。

七、思考题

1. 为什么该实验能实现温度较低时混合醚的制备？

2. 实验中的副反应有哪些？实验中有哪些措施保障实验安全，哪些措施减少副反应发生？

3. 温度过高或加热太快对反应有何影响？

4. 为何实验中使用稀硫酸，而不使用浓硫酸？

实验二十六　硝苯地平（心痛定）的合成

一、实验目的

1. 掌握利用 Hantzsch 反应制备二氢吡啶类化合物的原理和方法。

2. 学习薄层色谱法示踪化学反应进程的方法。

3. 了解多组分反应在有机合成中的应用。

二、实验原理

硝苯地平又称心痛定，化学名为 1,4-二氢-2,6-二甲基-4-(2-硝基苯基)-3,5-吡啶二甲酸二甲酯，是第一个被发现的二氢吡啶类抗心绞痛药物，且具有降血压功能，目前仍在广泛使用。

该化合物可以通过邻硝基苯甲醛、乙酰乙酸甲酯和氨水通过 Hantzsch 反应缩合得到。

反应式如下：

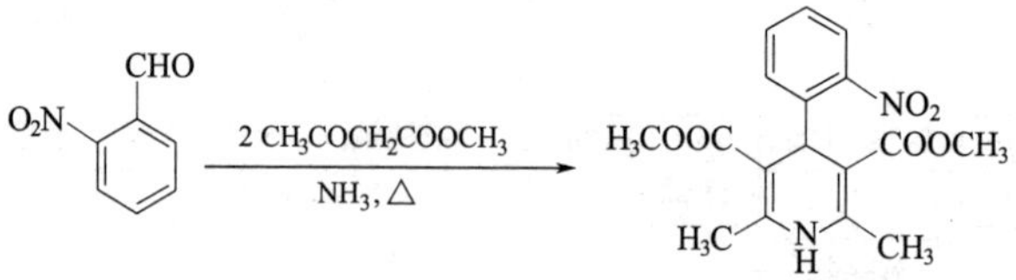

反应中生成的两个重要中间体：

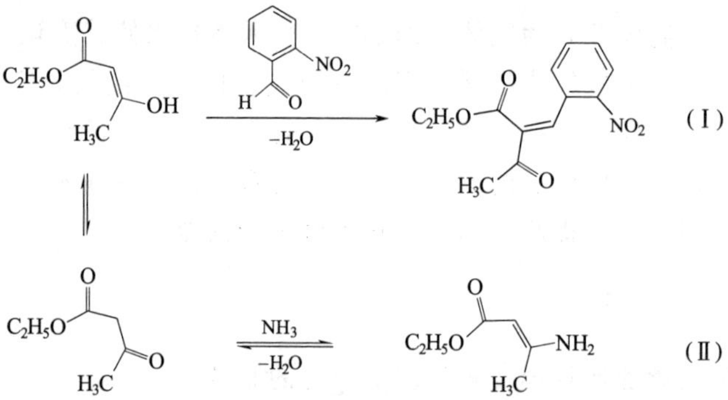

乙酰乙酸乙酯分别与苯甲醛和氨缩合生成中间体Ⅰ和中间体Ⅱ，二者发生迈克尔加成反应后在弱碱催化下合环脱水生成1,4-二氢吡啶。

三、实验试剂和仪器装置

1. 试剂

邻硝基苯甲醛、乙酰乙酸甲酯、乙醇、浓氨水、石油醚、乙酸乙酯。

2. 仪器装置

三口烧瓶、电热套、磁力搅拌器、锥形瓶、球形冷凝管、温度计、薄层色谱板、色谱展开缸、紫外分析仪。

实验装置如图3-11所示。

四、实验步骤

1. 合成

在50mL的三颈烧瓶中加入2.5g（0.016mol）邻硝基苯甲醛、3.8g（0.0328mol）乙酰乙酸甲酯、10mL乙醇和2.0mL（0.0264mol）25%的氨水[1]，搅拌下加热至回流，并保持微沸状态[2]。以薄层色谱板示踪反应进程[3]，至邻硝基苯甲醛消失，新点显著［R_f=0.44，石油醚∶乙酸乙酯=1∶1（体积比）］。

2. 后处理

反应完毕，将瓶内混合物转移至盛有40mL冰水的烧杯中，冷却静置，得粗产

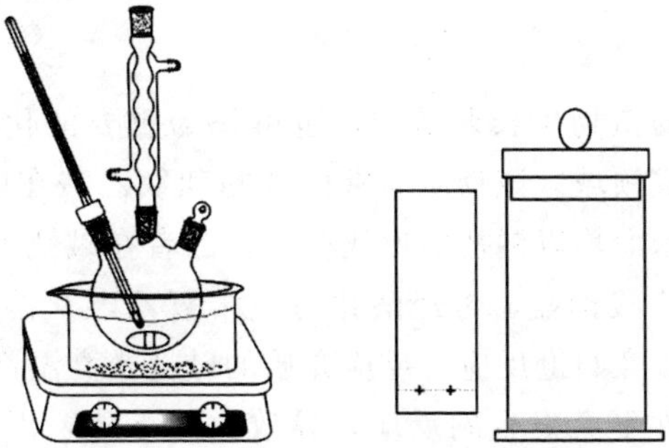

(a) 搅拌回流装置　　(b) 薄层色谱展开装置

图 3-11　制备硝苯地平的主要实验装置

品[4]。粗产物以乙醇重结晶，得淡黄色晶体或粉末，干燥称重，计算产率。

硝苯地平为淡黄色针状结晶，m. p. 172～174℃。

五、实验流程

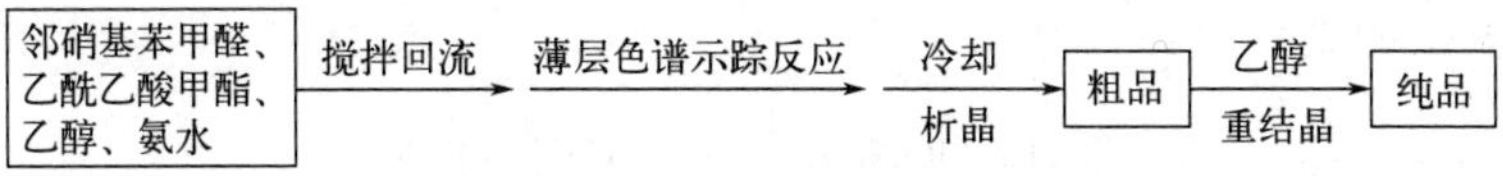

六、注释

［1］浓氨水具有挥发性和刺激性，应在通风橱中取用。

［2］该反应反应时间较长，回流状态的控制是为了减少氨的挥发。

［3］点样时应使用滴管取 3～5 滴样品注入小试管或离心管，加 0.5mL 水稀释后以少量乙酸乙酯提取后点样。

［4］若产品黏稠，可摩擦烧杯壁或对样品进行超声促进其固化。

七、思考题

1. 反应过程中剧烈回流会对反应结果有何影响？

2. 乙酰乙酸乙酯在环合反应中起何种作用？

实验二十七　植物生长调节剂苯氧乙酸的合成

一、实验目的

掌握苯氧乙酸的制备原理和实验操作。

二、实验原理

苯氧乙酸为重要的植物生长调节剂，也可作为重要的化工原料广泛应用于医药、农药和染料的合成领域。该物质通常由苯酚和氯乙酸在碱性条件下缩合而成。在反应中，氯乙酸和苯酚均以钠盐的形式存在，二者在碱性水溶液中加热，经由亲核取代反应生成苯氧乙酸钠盐，再经酸化可使苯氧乙酸从溶液中析出，过滤得粗品。此反应为典型的威廉姆逊反应，反应介质的碱性及高温都有利于反应进行。然而氯乙酸在强碱性条件下会发生副反应，导致收率下降，因此反应过程中应控制 pH 在合适的范围。

反应式如下：

$$ClCH_2COOH \xrightarrow{Na_2CO_3} ClCH_2COONa$$

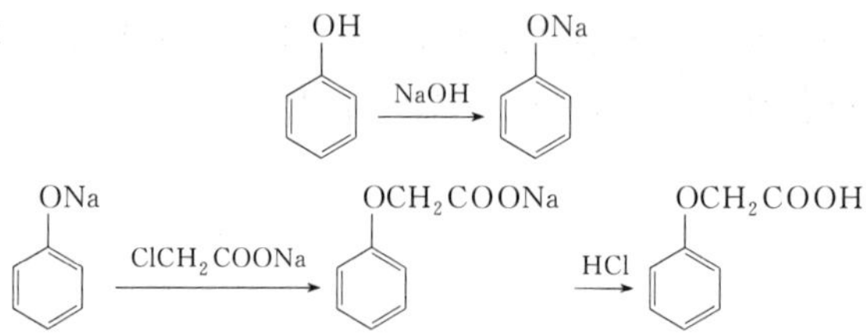

可能发生的副反应：

$$ClCH_2COONa \xrightarrow{OH^-} OHCH_2COONa$$

三、实验试剂和仪器装置

1. 试剂

氯乙酸、苯酚、饱和 Na_2CO_3 溶液、35% NaOH 溶液、浓盐酸、乙醚、pH 试纸。

2. 仪器装置

三颈烧瓶、温度计、球形冷凝管、滴液漏斗、电热套、小烧杯、滴管、量筒、布氏漏斗、抽滤瓶等。

实验装置如图 3-12 所示。

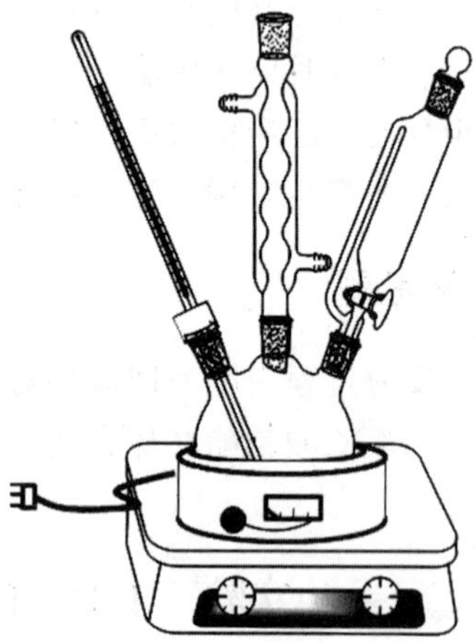

图 3-12 搅拌回流装置

四、实验步骤

1. 合成

在 150mL 烧杯中称取 3.7g 氯乙酸，以 2mL 水溶解，加入饱和碳酸钠至 pH 为 9～10 备用[1]；在 100mL 三颈烧瓶中加入 3g 苯酚[2]，2mL 35%氢氧化钠溶液，加入沸石，按照图 3-12 安装好仪器，加热使苯酚溶解制得苯酚钠溶液；将上述氯乙酸钠溶液由滴液漏斗缓慢滴加至苯酚钠溶液中，滴加过程中保持微沸状态，补加少量氢氧化钠溶液调节 pH 值在 9～10 之间[3]，滴毕，保持回流 30min。

2. 后处理

反应完毕后，停止加热，冷却，以 10mL 水稀释反应混合物，将其转移至 150mL 烧杯中，冰水浴冷却，以浓盐酸调节 pH 至 1，充分搅拌后抽滤，得苯氧乙酸粗品。将粗品以 10mL 20%的碳酸钠溶液溶解，转移至分液漏斗，以 10mL 乙醚提取杂质，分液，弃去有机层，水层以浓盐酸酸化至 pH＝1，冷却析晶，抽滤，少量冰水洗涤固体，干燥、称重、测熔点，计算收率。

苯氧乙酸为无色针状结晶，m. p. 98～100℃。

五、实验流程

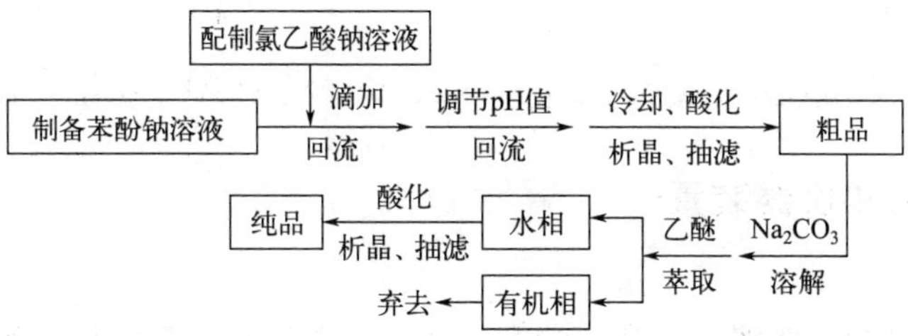

六、注释

[1] 若不溶解可稍加热，但不可使体系温度超过 40℃。

[2] 氯乙酸和苯酚具有刺激性，不可接触皮肤，苯酚加入前可用少许温水溶解。

[3] 滴加过程中应注意体系 pH 的变化，必要时以氢氧化钠或稀盐酸进行调节。

七、思考题

1. 该反应为何事先将一氯乙酸和苯酚都制成盐的形式进行反应？
2. 在苯氧乙酸合成过程中，为何要注意 pH 的变化，体系保持弱碱性的目的是什么？
3. 精制时使用乙醚除杂的原理是什么？

实验二十八　己二酸的合成

一、实验目的

1. 了解氧化反应在有机合成中的应用。
2. 掌握硝酸、高锰酸钾等强氧化剂的使用方法。
3. 掌握氧化实验的后处理方法。

二、实验原理

己二酸是合成尼龙-66 的主要原料之一，实验室可通过氧化环己醇或环己酮制备，工业上则以环己烯、环己烷、正己烷等为原料，在空气、过氧化氢中通过金属催化剂的催化氧化制备。本实验以环己醇为原料，使用硝酸和高锰酸钾为氧化剂制备己二酸。

反应式如下：

方法一：

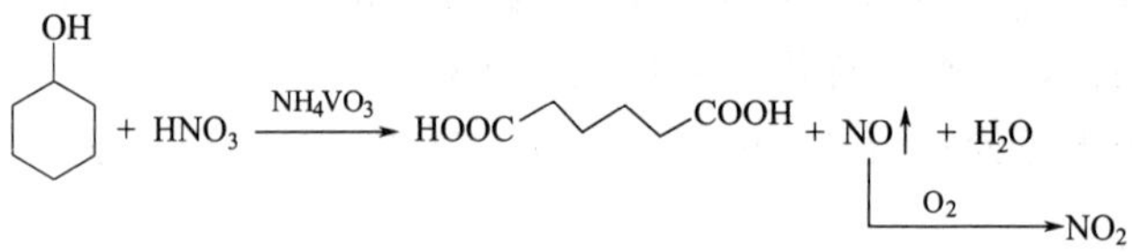

方法二：

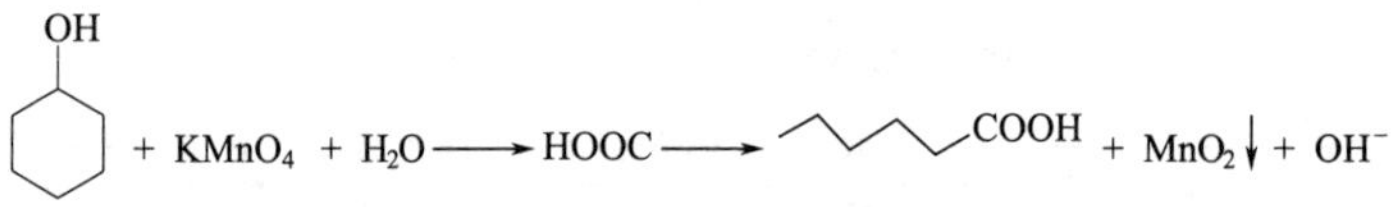

三、实验试剂和仪器装置

1. 试剂

环己醇、硝酸、钒酸铵、高锰酸钾、10%氢氧化钠、亚硫酸氢钠、浓盐酸。

2. 仪器装置

三颈烧瓶、温度计、球形冷凝管、滴液漏斗、烧杯。

实验装置如图 3-13 所示。

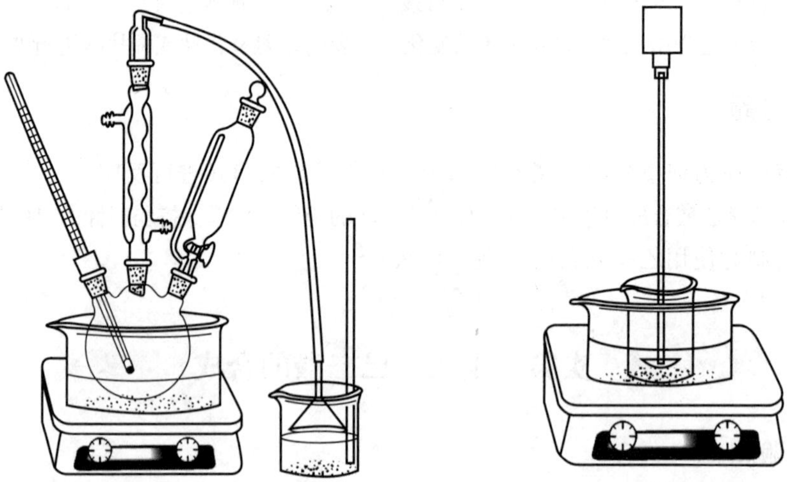

(a) 硝酸氧化法制备　　(b) 高锰酸钾氧化法制备

图 3-13　制备己二酸的主要装置

四、实验步骤

（一）硝酸氧化法

1.合成

在 100mL 三颈烧瓶中加入 8mL 50%的硝酸[1]（10.5g，0.0885mol）、一小粒钒酸铵，按照图 3-13(a)安装好仪器[2]，将烧瓶预热至 50℃左右；在滴液漏斗中加入 2.7mL 环己醇[3]，移去水浴，轻微振荡，先滴加 5～6 滴环己醇，引发反应，而后调节环己醇的滴加速度[4]，并振荡烧瓶，使瓶内温度维持在 50～60℃之间。若温度过高或过低，可用水浴调节。

2.后处理

滴加完毕后，以沸水浴加热 10min，至无红棕色气体放出。将反应液倾入外部以冷水浴冷却的烧杯，待晶体充分析出后，抽滤，少量冰水洗涤固体[5]，干燥，得纯品。粗品以水重结晶纯化。干燥，称重，测定熔点，计算产率。

己二酸为白色棱柱状晶体，m.p.151～152℃。

（二）高锰酸钾氧化法

1.合成

在配有电磁搅拌或机械搅拌的 250mL 烧杯中加入 5mL 10%的氢氧化钠溶液和 50mL 水，搅拌下加入 6g 高锰酸钾。待高锰酸钾溶解后，用滴管缓慢加入 2.1mL 环己醇，控制滴加速度[6]，维持反应温度在 45℃左右。滴加完毕反应温度开始下降时，在沸水浴中将混合物加热 5min，使氧化反应完全并使二氧化锰沉淀凝结。点滴试验检验高锰酸钾是否全部消耗[7]，如溶液中残余少量高锰酸钾，加少量亚硫酸氢钠固体还原。

2.后处理

趁热抽滤混合物，滤渣以热水洗涤 3 次。合并滤液和洗液，加浓盐酸酸化至强酸性。加热浓缩至溶液体积为 10mL 左右，少量活性炭脱色，静置冷却析晶，得纯品。干燥，称重，计算产率。

五、实验流程

（一）硝酸氧化法

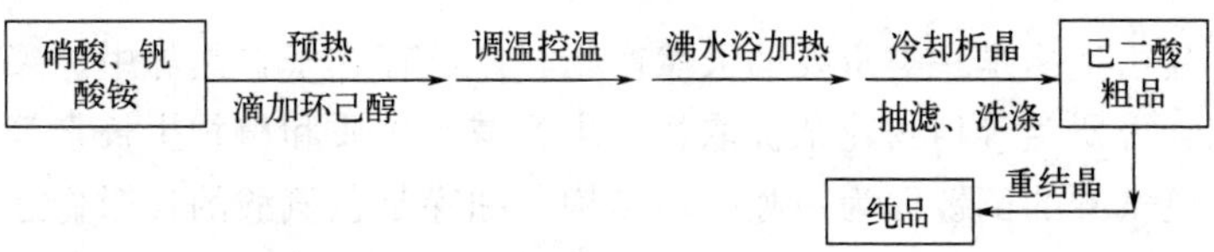

（二）高锰酸钾氧化法

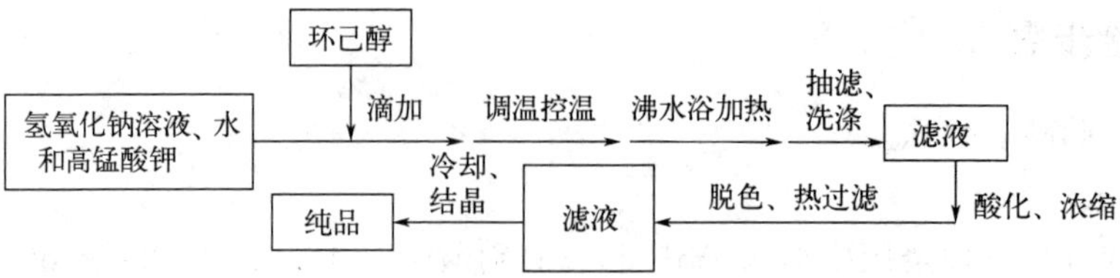

六、注释

[1] 硝酸具有氧化性和腐蚀性，取用时小心，切不可与环己醇共用一个量筒，以免发生危险。

[2] 实验中有氮氧化物气体释放，要求仪器气密性良好、加装碱液吸收装置、最好在通风橱中实验。

[3] 环己醇熔点 24℃，熔融时为黏稠液体，可加入少量水冲洗量筒，再将其加入滴液漏斗中，可减少原料损失，在室温较低时可防止其结晶固化。

[4] 该反应为氧化反应，会剧烈放热升温，禁止一次性加入物料，以防爆炸危及人身安全。

[5] 常温下己二酸溶解度较大，故用少量冰水洗涤，以减少损失。

[6] 反应放热，小心滴加。

[7] 具体操作为：蘸取少量液体滴在滤纸上，液滴外围出现紫色环，表明有高锰酸根存在。

七、思考题

1. 本实验需注意的安全事项有哪些？
2. 在硝酸氧化实验中，为何需要进行预热，若直接滴加环己醇，会有何不良后果？
3. 在高锰酸钾氧化实验中，为何环己醇滴加完毕后需要加热？
4. 粗产物为何必须干燥后称重，测定熔点的意义是什么？
5. 查阅不同温度下己二酸的溶解度，设计己二酸粗品的重结晶实验。

实验二十九　2-苯基吲哚的制备

吲哚及其衍生物是一类重要的天然产物，广泛存在于自然界中。茉莉花、苦橙花、水仙花、香罗兰等植物花朵提取物、生物碱类物质和植物生长素等结构中都含有吲哚环，色氨酸的侧链即为一吲哚环结构。吲哚是色氨酸的代谢物之一，存在于哺乳动物的粪便中，但该化合物在低浓度下具有芳香气味，是一种重要的香料。吲哚类化合物具有重要的生物活性，在抗凝血药物吲哚布芬（indobufen）和非甾体抗炎药物吲哚美辛（indomethacin）中，吲哚环都是重要的结构片段：在人体内，含吲哚结构的松果体腺素和5-羟色胺具有重要的生理功能；一些含吲哚环的生物碱，如利血平、长春碱等，已经应用于临床；吲哚乙酸、吲哚-3-丁酸则是重要的植物生长调节剂，广泛应用于农业生产；3-二甲氨基吲哚（芦竹碱）具有除草和杀虫活性。吲哚类化合物还是重要的化工中间体，可用于香料、染料、食品添加剂等领域。另外，吲哚类化合物还可用于生化实验显色和示踪技术等领域。

一、实验目的

1. 掌握腙类化合物的合成及提纯方法。

2. 了解吲哚类化合物的种类、来源及用途等及Fischer吲哚合成法反应的一般原理。

3. 巩固加热、回流、温度控制、产物分离提纯等基本操作。

二、实验原理

在众多有机人名反应中，有多个反应是关于吲哚环的合成。本实验即利用Fischer合成法经由两步反应合成2-苯基吲哚：苯乙酮和苯肼经过亲核加成反应得到苯腙，苯腙在催化剂催化下得到目标物。催化剂可为多聚磷酸（PPA）、HCl、H_2SO_4、冰醋酸等质子酸或BF_3、金属卤化物等Lewis酸。酸催化下，腙发生[3,3]-σ-迁移、异构化、分子内环化、脱氨芳构化等反应生成产物。

反应式如下：

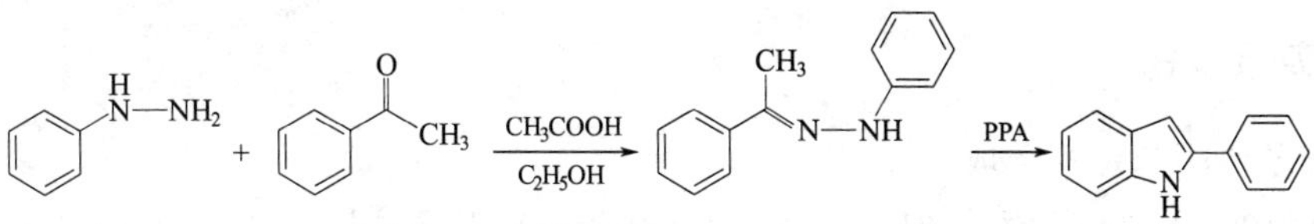

由苯腙得到2-苯基吲哚的反应机制如下：

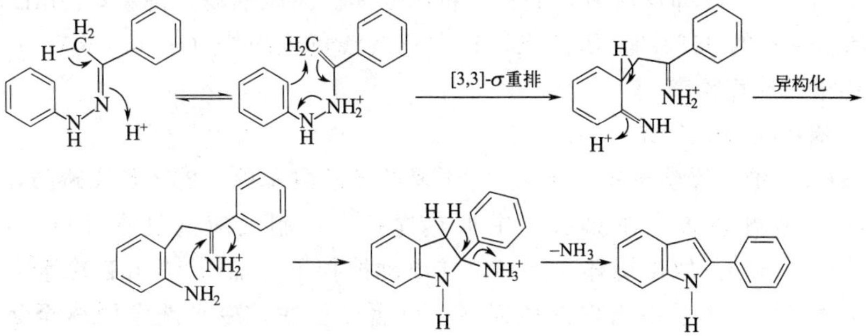

三、实验试剂和仪器装置

1. 试剂

苯肼、苯乙酮、冰醋酸、多聚磷酸、无水乙醇、95%乙醇、盐酸等。

2. 仪器装置

圆底瓶、烧杯、搅拌器、球形冷凝管、沸水浴、布氏漏斗、抽滤瓶。

实验装置如图 3-14 所示。

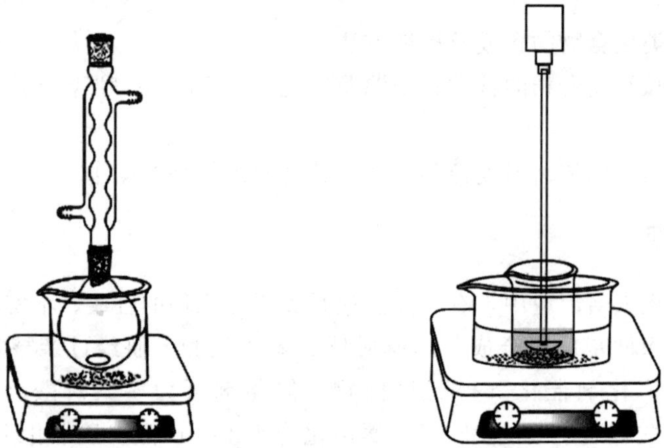

(a) 水浴加热回流　　(b) 简易水浴加热搅拌

图 3-14　制备 2-苯基吲哚的主要装置

四、实验步骤

1. 苯乙酮苯腙的合成

在 100mL 圆底瓶中加入 3.6g（0.03mol）苯乙酮、3.24g（0.03mol）苯肼[1]、10mL 无水乙醇、3 滴冰醋酸混匀，按图 3-14（a）安装好装置，在沸水浴中反应 30min[2]，冷却反应液，静置，析出固体。减压抽滤，滤饼以 5mL 3mol/L 盐酸、冰水冷却的 95%的乙醇洗涤，得白色或浅黄色固体（m. p. 106℃）；样品烘干[3]，称重，计算收率。

2. 2-苯基吲哚的合成

在 150mL 的干燥烧杯中，加入 3g 干燥的苯乙酮苯腙，20g 多聚磷酸，按照图 3-14（b）安装好装置，在沸水浴中加热搅拌，控制反应温度在 100～120℃之间[4]，反应 20min。取出烧杯，冷却，在电动搅拌下，加入 100mL 冷水[5]，至多聚磷酸完全溶解，体系中出现白色固体。静置，抽滤，冷水洗涤固体至无明显酸性。以 95%的乙醇对粗品进行重结晶（1g 粗品约需 15mL 乙醇），适量活性炭脱色，以预热的抽滤瓶和布氏漏斗抽滤，8mL 95%的热乙醇洗涤，合并滤液，静置、冷却析晶，抽滤，少量冷的 95%乙醇洗涤，干燥、称重、计算收率。

2-苯基吲哚为白色固体，m. p. 188～189℃。

五、实验流程

1. 苯乙酮苯腙的制备

2. 2-苯基吲哚合成

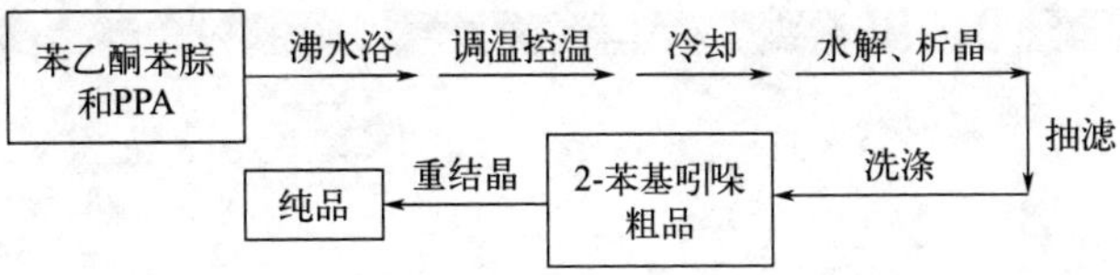

六、注释

[1] 苯肼具有一定毒性，不可接触皮肤。

[2] 反应物需在沸水浴中加热方可反应完全，获得理想的收率。

[3] 样品应干燥，否则会影响下步反应，使收率降低。

[4] 该反应为放热反应，若温度过高，可将烧杯移出水浴适当降温。

[5] 因反应放热，应慢慢加入冷水。

七、思考题

1. 除本实验方法外，还有哪些合成吲哚环的反应？
2. 对放热反应，在加料和控温时应注意什么？
3. 为何苯乙酮苯腙必须干燥后方可进行下步反应？
4. 制备苯乙酮苯腙时，加冰醋酸的目的是什么？

第4章

天然产物的提取与分离

从自然界的植物或动物资源衍生出来的物质称为天然产物。许多天然产物显示出惊人的生理功效，因而具有药用价值。例如从金鸡纳树皮中提取的辛可宁碱和金鸡纳碱，可以治疗疟疾；从茶叶中提取的咖啡因可以刺激心脏，兴奋中枢神经；从黄连中提取的黄连素具有很强的抗菌力，可以治疗细菌性痢疾、急性肠胃炎等；此外，某些天然产物的提取物还可以作为调味品、香料和染料。

天然产物种类繁多，按其结构特征一般可分糖类、脂类、萜类和甾族化合物、生物碱、黄酮和醌类化合物等。其中生物碱作为含氮的碱性有机化合物，其种类及其变化最多。

天然产物的提取、分离纯化以及结构鉴定是一项复杂辛苦的工作。其提取方法一般是利用单一或混合溶剂，采用索氏提取器连续抽提。其分离纯化一般利用萃取、蒸馏、结晶、色谱（如柱色谱、液相色谱、气相色谱）等常用技术。其结构鉴定综合了熔点及沸点的测定、官能团的定性鉴定等传统的有机分析方法和核磁共振谱、高分辨质谱、红外光谱、紫外光谱等波谱分析技术。

为了使学生对天然产物的提取和分离有一个初步的认识，本章选取了咖啡因、黄连素、烟碱、橙油、植物色素等天然产物的提取实验作为教学内容。

实验三十　从茶叶中提取咖啡因

一、实验目的

1. 了解从茶叶中提取咖啡因的原理和方法。

2. 学习利用索氏提取器（Soxhlet extractor）从天然产物中提取有机化合物的

操作方法。

3. 掌握升华的原理和操作步骤。

二、实验原理

茶叶中含有多种天然产物，其中咖啡碱（又称咖啡因）约占 1%～5%，单宁酸（又名鞣酸）约占 11%～12%，色素、纤维素、蛋白质等约占 0.6%。咖啡因（caffeine）是弱碱性化合物，具有刺激心脏、兴奋大脑神经和利尿等作用，是中枢神经的兴奋剂，也是一些复配药物，如复方阿司匹林的组成成分。咖啡因是杂环化合物嘌呤（purine）衍生物，属生物碱类，其化学名称为 1,3,7-三甲基-2,6-二氧嘌呤，嘌呤与咖啡因的结构式为：

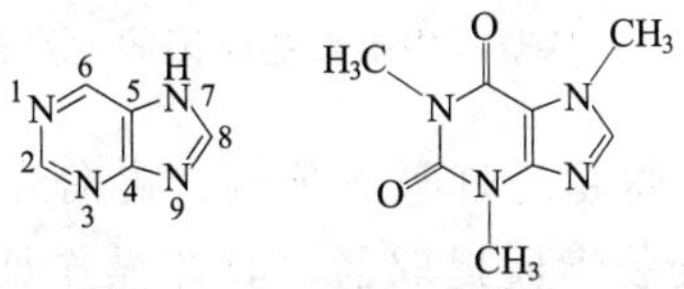

嘌呤　　咖啡因

含结晶水的咖啡因系无色针状结晶，味苦，能溶于氯仿（12.6%）、水（2%）及乙醇（2%）等，在苯中的溶解度为 1%（热苯中为 5%）。咖啡因通常含有一分子结晶水，在 100℃时可失去结晶水并开始升华，120℃时显著升华，178℃时快速升华。

为了提取茶叶中的咖啡因，可选用适当的溶剂（氯仿、苯、乙醇和水等）在索氏提取器中连续抽提，然后蒸去溶剂，即得到粗咖啡因。粗咖啡因还含有其他一些生物碱和杂质，再通过升华进一步纯化。

本实验选用 95%的乙醇为溶剂进行提取。为了能顺利地得到升华物，需在升华实验前，在浓缩后的提取液中加入生石灰（CaO）进行焙炒，CaO 与水结合生成 $Ca(OH)_2$，以除去其中的水分、残余溶剂及酸性物质。

三、实验试剂和仪器装置

1. 试剂

茶叶、95%乙醇、生石灰。

2. 仪器装置

索氏提取器、150mL 平底烧瓶、蒸发皿、滤纸、玻璃漏斗。

实验装置如图 4-1 所示。

四、实验步骤

1. 提取

称取 10g 的茶叶，用滤纸包严[1]，形成滤纸筒，放入索氏提取器的提取筒中。

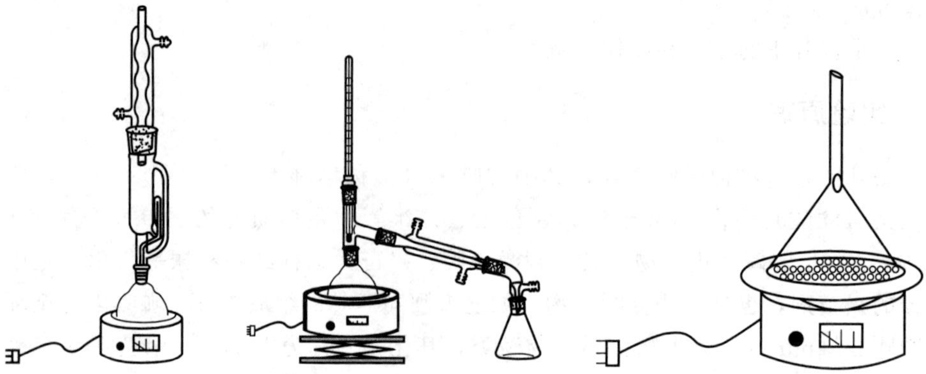

(a) 索氏提取器提取　　(b) 蒸馏浓缩　　(c) 焙炒后升华

图 4-1　从茶叶中提取咖啡因的主要装置

滤纸筒应紧贴器壁，高度不得超过虹吸管顶端。再向烧瓶中加入 100mL 乙醇和磁子，按图 4-1（a）所示，安装索氏提取器（具体操作见 2.2.2）。通过电热套加热回流抽提 2h（约 3～4 次），直至提取液颜色较浅为止，刚好完成最后一次虹吸后，停止加热。

2. 浓缩提取液

提取液稍冷后改成蒸馏装置，蒸出提取液中大部分乙醇[2]，至平底烧瓶内剩余约 10mL。回收蒸出的乙醇，倒入指定的回收瓶。

3. 趁热焙炒粗提取液

将残液转移至蒸发皿中，加入研碎的生石灰粉，搅成黏稠状，在电热套上加热蒸发、焙炒，期间应不断搅拌，并压碎块状物，务必使水分全部除去，最终焙炒至干粉状。稍冷，擦去蒸发皿边缘的粉末，以免在升华时污染产物。

4. 升华

将刺有很多小孔的圆形滤纸孔刺朝上[3] 放在焙炒后的蒸发皿上，再取一个口径合适、颈部用棉花塞住的玻璃漏斗罩在滤纸上，如图 4-1（c）所示。将电热套缓慢升温至 120～178℃（此时滤纸内部颜色微黄），升华[4]（具体操作见 2.8）。当滤纸上出现许多针状晶体时，停止加热。自然冷却至 100℃左右，取下滤纸，小心将附着在滤纸和器皿周围的晶体刮下，测定熔点。

咖啡因 m. p. 234. 5℃。

五、实验流程

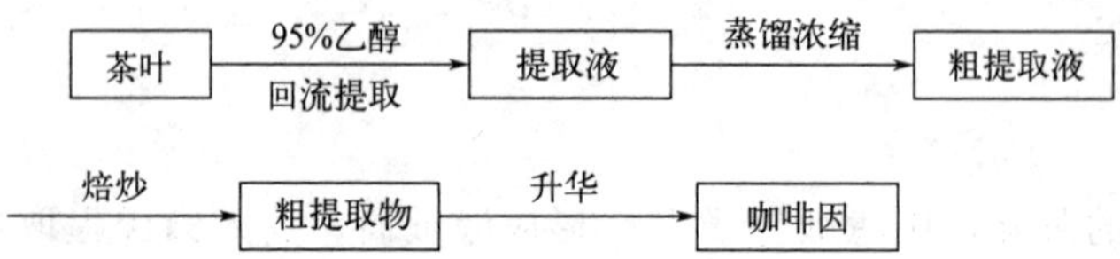

六、注释

[1] 滤纸筒需包严，以防浸提时茶叶漏出而堵塞虹吸管。滤纸筒的顶面应呈凹形，以利于溶剂浸泡。也可用4～5袋袋装茶叶代替滤纸筒。

[2] 瓶中乙醇不可蒸得太干，否则残液黏稠，转移时损失较大。转移操作中，必要时可加入少量乙醇稀释或洗涤。

[3] 升华时在孔刺处易结晶，孔刺朝上可防止附在孔刺上的升华物掉回蒸发皿中。

[4] 升华操作的关键是温度的控制，温度过高产物炭化，过低则不易升华。应缓慢加热，并密切观察滤纸颜色的变化，滤纸颜色过黄则表示温度过高。

七、思考题

1. 一般纯化固体有机化合物的方法有哪些？试指出它们的适用性。

2. 用索氏提取器提取比一般的浸泡萃取有哪些优越性？

3. 焙炒粗提取液步骤中，生石灰起什么作用？

实验三十一　从黄连中提取黄连素

一、实验目的

1. 学习从中药中提取生物碱的原理和方法。

2. 学习旋转蒸发仪的使用。

3. 进一步熟练掌握回流、蒸馏、重结晶等实验操作技术。

二、实验原理

黄连为多年生草本植物，是我国名产药材之一，其根茎中含有多种生物碱，黄连素（也称小檗碱，berberine）是其中的主要活性成分，其含量占4%～10%。其他植物也可作为提取黄连素的原料，如黄柏、三颗针、伏牛花、白屈菜，但以黄连和黄柏中的含量最高。

黄连素是黄色针状晶体，熔点145℃，微溶于冷水和乙醇，易溶于热水和热乙醇，难溶于乙醚和苯。黄连素是一种抗菌药物，具有较强的抗菌、止泻能力，对急性细菌性痢疾、急性结膜炎、口疮等均有较好的疗效。

黄连素不同形式的结构式如下：

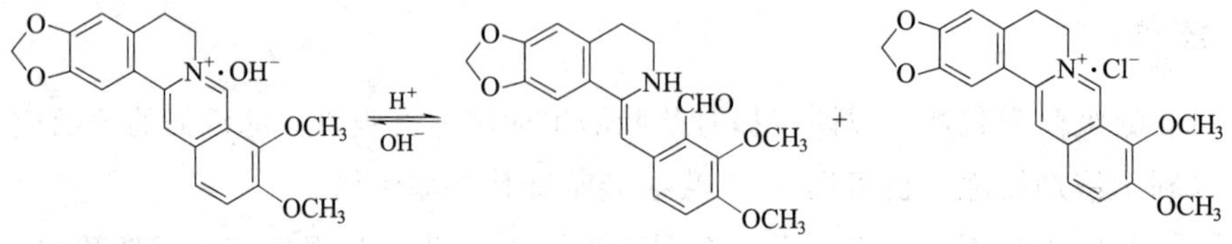

黄连素在自然界中多以季铵碱的形式存在，但作为药品使用时常以其盐酸盐的形式存在。黄连素的盐酸盐、氢碘酸盐、硫酸盐、硝酸盐均难溶于冷水，易溶于热水，其各种盐的纯化都比较容易，可利用此性质对其进行重结晶，从而达到纯化的目的。

从黄连中提取黄连素，本实验采用乙醇作为溶剂，加热回流提取粗产品，随后将提取液浓缩，加入稀醋酸溶液除去酸不溶物，再加盐酸进行酸化，冷水冷却促使晶体析出，得到黄连素盐酸盐粗品。经过重结晶进一步提纯，可以得到黄连素盐酸盐纯品。黄连素盐酸盐经石灰乳处理，即可得到黄连素（季铵碱式）。

黄连素可被硝酸等氧化剂氧化，生成樱红色的氧化黄连素；黄连素在强碱如氢氧化钠溶液中则可部分转变为橙色的醛式黄连素，后者与丙酮作用，即可发生缩合反应，其产物为黄色沉淀。这些化学性质可用于黄连素的鉴定。

三、实验试剂和仪器装置

1. 试剂

黄连、95%乙醇、1%醋酸溶液、浓盐酸、浓硫酸、浓硝酸、20%氢氧化钠溶液、丙酮、石灰乳。

2. 仪器装置

250mL 圆底烧瓶、150mL 烧杯、回流装置、抽滤装置、蒸馏装置。

实验装置如图 4-2 所示。

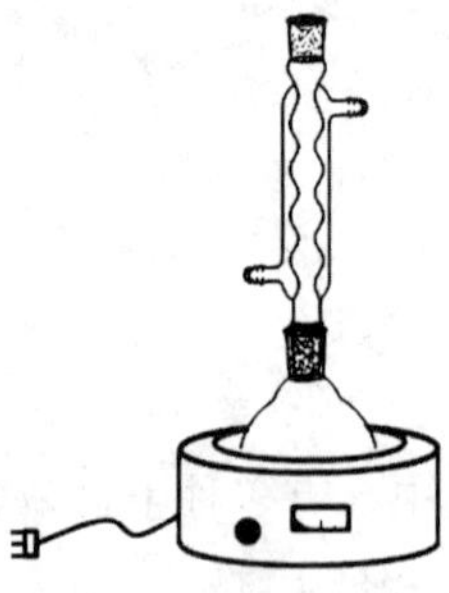

图 4-2 回流提取黄连素

四、实验步骤

1. 加热回流提取粗黄连素

称取 10g 研细的黄连于 250mL 圆底烧瓶中，加入 100mL 95%乙醇和几粒沸石，安装回流装置，加热回流 40min[1]，再静置浸泡 0.5h。抽滤，残渣用少量 95%乙醇洗涤 2 次[2]。

2. 浓缩提取液

合并滤液于 250mL 圆底烧瓶中，安装常压蒸馏装置，蒸出乙醇，至烧瓶内残留物呈棕红色糖浆状时停止蒸馏；或使用旋转蒸发仪脱除乙醇溶剂。

3. 溶解、过滤制备黄连素盐酸盐粗品

向烧瓶内滴加 30mL 1%醋酸溶液，加热溶解，趁热抽滤以除去酸性不溶物。向滤液中滴加浓盐酸（约 10mL）至溶液混浊。冰浴下冷却，即有黄色针状晶体析出。抽滤，用少量冰水洗涤 2 次，得到黄连素盐酸盐粗品。

4. 路径一：重结晶制备黄连素盐酸盐纯品

将黄连素盐酸盐粗品放入 150mL 烧杯中，加入 30mL 水煮沸，不断搅拌使其溶解，趁热抽滤，滤液用盐酸调节 pH 至 2～3，室温下放置冷却。有较多橙黄色结晶析出后抽滤，滤液用少量冷水洗涤两次，烘干即得黄连素盐酸盐纯品，称重，计算产率。

路径二：重结晶制备黄连素（季铵碱式）

将黄连素盐酸盐粗品放入 150mL 烧杯中，加入 30mL 水煮沸，不断搅拌使其溶解，随后向烧杯中滴加石灰乳溶液至 pH 为 8.5～9.8，趁热抽滤，滤液用冰水冷却，即有针状晶体析出，抽滤，于 50～60℃下干燥，即得黄连素，称重，计算产率。

5. 产品鉴定

（1）测定产物的熔点。纯黄连素：m. p. 145℃。

（2）取黄连素盐酸盐少许，加浓硫酸 2mL，溶解后滴加几滴浓硝酸，溶液应呈樱红色。

（3）取黄连素盐酸盐 50mg，加蒸馏水 5mL，缓慢加热溶解后加入 20%氢氧化钠溶液 2 滴，显橙色。冷却后过滤，滤液中滴加丙酮 4 滴，即产生浑浊，静置后析出黄色的丙酮黄连素沉淀。

五、实验流程

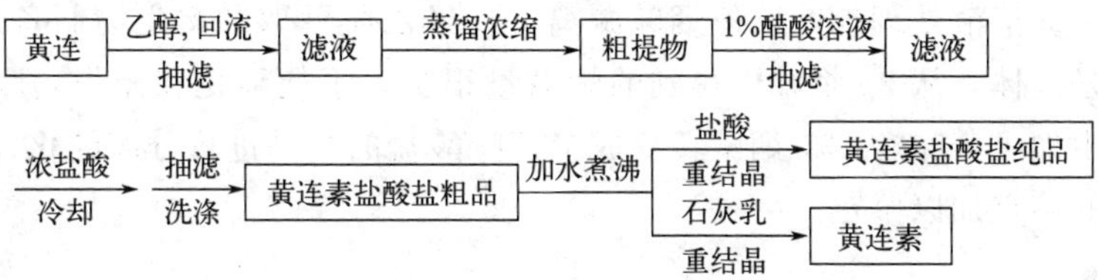

六、注释

［1］也可用索氏提取器连续抽提 2h。

［2］滤渣可重复上述操作再提取一次，适当减少乙醇用量和缩短浸泡时间。

七、思考题

1. 黄连素的提取方法是依据黄连素的什么性质设计的？

2. 用回流和浸泡的方法提取天然产物与用索氏提取器连续萃取，哪种方法效果更好些？为什么？

3. 最后纯化时用强碱氢氧化钠（氢氧化钾）代替石灰乳调节溶液的 pH 值，是否可以？为什么？

实验三十二　从烟叶中提取烟碱

一、实验目的

1. 了解从烟叶中提取生物碱的基本原理。
2. 熟练掌握萃取、分离、重结晶等实验基本操作。

二、实验原理

烟碱又名尼古丁，是烟草生物碱的主要成分。于 1928 年首次被分离出来，它是具有吡啶环和吡咯烷环的含氮碱，天然尼古丁是左旋体。其结构式为：

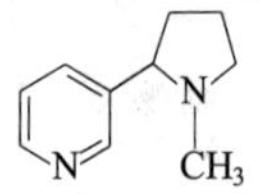

烟碱在商业上用作杀虫剂以及兽医药中寄生虫的驱除剂，对人体的毒性很大。

烟碱为无色油状液体（b. p. 246℃），在 60℃以下与水结合形成水合物，可与水以任意比例混合，易溶于乙醇、乙醚等多种有机溶剂。由于分子中两个氮都显碱性，故一般能与两分子的酸成盐。

烟碱与柠檬酸或苹果酸结合为盐类而存在于植物体中，在烟叶中占 2%～3%。本实验以强碱溶液处理烟叶，使烟碱游离，再经乙醚萃取和衍生物制备进行精制。由于烟碱是液体，从 2g 烟叶中得到的烟碱量很少，不便纯化和操作，因此本实验在萃取液中加入苦味酸，将烟碱转变成二苦味酸盐的结晶进行分离纯化，并通过测定衍生物的熔点加以鉴定。

反应式：

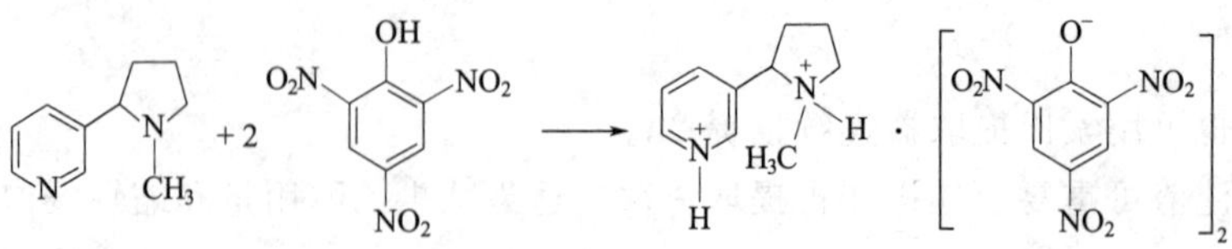

三、实验试剂和仪器装置

1. 试剂

干燥烟叶、5%氢氧化钠溶液、乙醚、饱和苦味酸甲醇溶液、甲醇、50%乙醇-

水溶液。

2.仪器装置

400mL 与 50mL 烧杯、抽滤装置、分液装置、蒸馏装置（或旋转蒸发仪）、50mL 锥形瓶。

实验装置如图 4-3 所示。

(a) 回流提取　　(b) 蒸馏浓缩

图 4-3　从烟叶中提取烟碱的主要装置

四、实验步骤

1.碱处理

在 400mL 烧杯中加入 8.5g 碾碎的干燥烟叶和 100mL 5%氢氧化钠溶液，搅拌 15min。然后用带尼龙滤布的布氏漏斗减压过滤，勿放置滤纸（滤纸在碱液中会立即膨胀并失去作用）。用干净的玻璃塞或小烧杯底部挤压烟叶以挤出所有的碱提取液。接着用 20mL 水洗涤烟叶，并再次抽滤挤压，合并滤液。

2.醚萃取

将黑褐色的滤液转移至 250mL 分液漏斗中，加入 25mL 乙醚萃取[1]。萃取时应轻旋液体，勿剧烈振荡以免乳化导致分层困难。放出下层水相，上层醚相从漏斗上口倒入 100mL 圆底烧杯中。水相再以 25mL 乙醚萃取一次，合并醚相。

3.蒸除乙醚

使用常压蒸馏装置或使用旋转蒸发仪蒸除乙醚[2]。

4.重新溶解

残留物[3] 中加入 1mL 水，并轻轻旋摇使残渣溶解。然后加入 4mL 甲醇，将溶液通过放有一小团棉花的短颈漏斗过滤到 50mL 小烧杯中，并用 5mL 甲醇冲洗圆底烧瓶和棉花，合并滤液至小烧杯中。

5.制备衍生物

在搅拌下向烧杯中加入 10mL 饱和苦味酸的甲醇溶液，立即有浅黄色沉淀析出，即为二苦味酸烟碱盐粗品。用玻璃砂芯漏斗过滤，干燥称重，计算所提取的烟碱的产率，测定熔点。此操作所得二苦味酸烟碱盐粗品熔点为217～220℃。

6. 重结晶

用刮刀将粗产物转移至50mL锥形瓶中，加入20mL 50%（体积分数）乙醇-水溶液，加热溶解，室温下静置冷却，析出亮黄色长形棱状结晶[4]。抽滤，干燥称重，测定熔点，纯二苦味酸烟碱盐熔点为222～223℃。

五、实验流程

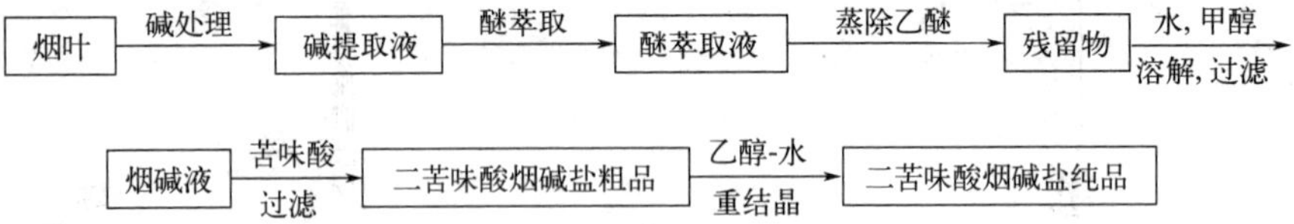

六、注释

[1] 在分液漏斗中用乙醚萃取时，需不时放气，以降低乙醚蒸气在漏斗内的压力。

[2] 乙醚易燃，避免使用明火。蒸馏时注意开窗通风，避免外泄的乙醚蒸气富集遇火引燃。最好使用旋转蒸发仪蒸去乙醚。

[3] 烟碱毒性极强，其蒸气或其盐溶液被吸入或渗入人体可使人中毒死亡。使用高浓度的烟碱液时务必小心。若手上不慎沾上烟碱提取液，应迅速用水冲洗后用肥皂擦洗。

[4] 结晶过程有时较缓慢，可用刮刀摩擦瓶壁促使晶体析出。

七、思考题

1. 试设计以烟杆等废弃物为原料，制取杀蚜虫药烟碱硫酸盐的简易方法。

2. 若用硝酸或高锰酸钾氧化烟碱，将得到什么产物？

实验三十三　从橙皮中提取橙油

一、实验目的

1. 熟悉从植物中提取精油的原理和方法。

2. 掌握改良的水蒸气蒸馏装置的安装与操作。

3. 熟练掌握利用萃取和蒸馏提纯液体有机物的实验操作技术。

二、实验原理

精油是植物组织经水蒸气得到的挥发性成分的总称，其主要成分为萜类，大多数具有令人愉快的香味。水蒸气蒸馏法是工业上收集精油的重要方法之一。

橙皮精油堪称药界“网红”，因其黏附性和扩展性均较强，被广泛用作农用助剂，对农药具有一定的增效作用。近几年，害虫很难消灭，杂草也很难清除，这些问题大多可通过橙皮精油来解决。橙皮精油属于植物精油的一种，它主要是从鲜甜橙皮、橘皮、柚皮中提取出来的，可以制成农药助剂，同时还具有杀虫杀菌的特殊功能，在农药领域有着广泛的应用前景。D-柠檬烯是橙皮精油的主要组分，占有效成分的80%以上，其次为芳樟醇、柠檬醛、香茅油。柠檬烯能够溶解虫体表面的蜡质层，蜡质层缺乏水分的昆虫很快自然脱水而死，还可破坏病原菌孢子的细胞膜结构，导致其失活或崩解。由于柠檬烯具有很强的渗透性和扩展性，橙皮精油作为农药助剂时，能使传统农药快速渗透吸收，从而减少阴雨天药液的流失，提高防效。高浓度时，橙皮精油作为杀虫杀菌剂，自然无残留，安全性好；低浓度时，橙皮精油作为杀虫剂助剂，渗透性好，扩展性好。

D-柠檬烯为无色液体，沸点为176～177℃，折射率 n_D^{20} 为1.473，比旋光度 $[\alpha]_D^{20}$ 为+120°，密度为0.842g/mL（20 ℃）。其结构式为：

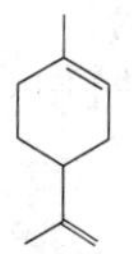

D-柠檬烯

橙皮中的挥发油温度高时易分解，因此可以采用水蒸气蒸馏法提取（原理见实验十）。橙皮精油（以下简称“橙油”）与水不互溶，但两者混合物的沸点会低于纯水或纯橙油的单独沸点。因此，在低于100℃的温度下，橙油可随水蒸气一同挥发。水蒸气作为载体，将橙皮中热不稳定的挥发性油分带出，避免直接高温加热导致分解。蒸汽提供热量并同时破坏橙皮细胞结构，释放橙油。橙油能溶于有机溶剂，如石油醚、乙酸乙酯、二氯甲烷等，为了得到纯度更高的橙油，经水蒸气蒸馏法提取后的粗产物可以用有机溶剂分离提纯。本实验以粉碎的橙皮为原料，利用简化的水蒸气蒸馏，将精油与水一起蒸出，然后冷凝液化，再与水直接分液，得到橙油。也可以用石油醚对冷凝液化的橙油进行萃取，蒸馏回收溶剂后，即可得到橙油。

三、实验试剂和仪器装置

1.试剂

新鲜橙皮、石油醚、无水硫酸钠、稀高锰酸钾溶液。

2. 仪器装置

简易水蒸气蒸馏装置（图 4-4）、250mL 圆底烧瓶、100mL 恒压滴液漏斗、球形冷凝管、100mL 分液漏斗、烧杯、100mL 具塞三角瓶、100mL 圆底烧瓶、直形冷凝管、阿贝折射仪、旋光仪。

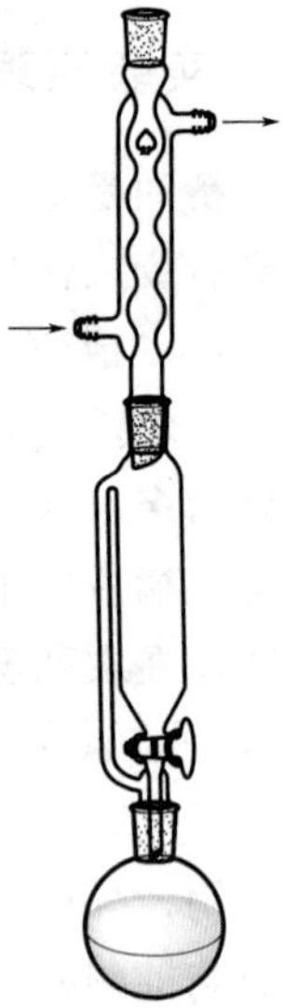

图 4-4 简易水蒸气蒸馏装置

四、实验步骤

1. 水蒸气蒸馏

将 50g 新鲜橙皮剪碎后[1]，放入 250mL 单口烧瓶中，加入 120mL 水。安装简易水蒸气蒸馏装置后进行加热，即将沸腾时适当调低电压，维持微沸即可。蒸汽在球形冷凝管[2] 中冷凝回恒压滴液漏斗，可以观察到恒压滴液漏斗中分为两相，为提高橙油产量，可以将恒压滴液漏斗下层水相放回单口烧瓶[3]，继续蒸馏，重复数次。沸腾 1h 后，停止加热。待无蒸汽蒸出后，关闭冷凝水循环水泵。

2. 溶剂萃取

将恒压滴液漏斗内液体转移至 250mL 分液漏斗中，用 30mL 石油醚（60～90℃）分 3 次萃取。

3. 干燥除水

合并石油醚相于 100mL 具塞锥形瓶中，加入适量无水硫酸钠干燥，振摇至液体澄清透明为止。

4. 蒸除溶剂

将干燥后的萃取液转移至 100mL 圆底烧瓶中，搭建蒸馏装置[4]，注意观察温度计示数，确定石油醚蒸出完全后停止加热，烧瓶中所剩少量无色油状液体即为橙油。称重，计算提取率，测定折射率和旋光度，并与主成分的相对性质进行比较，也可用稀高锰酸钾进行定性检测，橙油富含烯烃会使之褪色。

五、实验流程

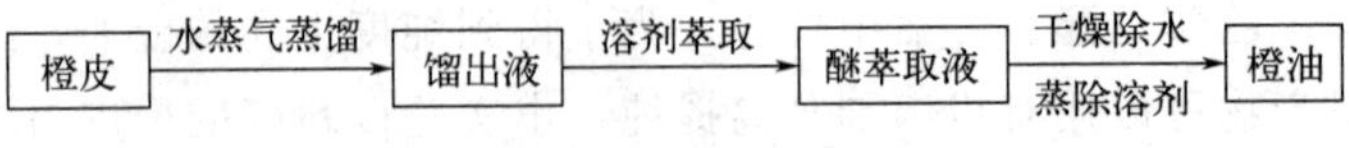

六、注释

[1] 新鲜橙皮的橙油含量较高，提取效果较好，橙皮应尽量剪切得碎些，增大表面积，便于油腺细胞中的橙油释放。最好直接剪入圆底烧瓶中，以防精油损失。

[2] 注意上升蒸气不要超过球形冷凝管的第二个球，及时向冷凝水桶中加冰。

[3] 注意观察，在恒压滴液漏斗内液面接近上端支管前，将下层液体放到单口瓶内。

［4］装置图参考图 2-16。

［5］石油醚蒸出后，橙油蒸出前，温度计会出现示数下降的现象。

七、思考题

1. 能进行水蒸气蒸馏的物质必须具备哪几种条件？
2. 除了实验中的方法外，还可以用什么方法确定橙油的主要成分和含量？
3. 保持柠檬烯的骨架不变，写出其他同分异构体。

实验三十四 菠菜叶中菠菜色素的提取和鉴定

一、实验目的

1. 掌握从绿色植物中提取各种色素的原理和方法。
2. 掌握薄层色谱法分离菠菜色素的分离条件。

二、实验原理

绿色植物的茎、叶中含有叶绿素（绿）、胡萝卜素（橙）和叶黄素（黄）等多种天然色素。叶绿素存在于叶绿体中，它有两种结构相似的形式，即蓝绿色的叶绿素 a（$C_{55}H_{72}O_5N_4Mg$）和黄绿色的叶绿素 b（$C_{55}H_{70}O_6N_4Mg$），叶绿素 a 中一个甲基被醛基所代替即为叶绿素 b。它们都是吡咯衍生物与金属镁的配合物，是植物进行光合作用时所必需的辅酶。植物中叶绿素 a 的含量通常是叶绿素 b 的含量的 3 倍。尽管叶绿素分子中含有一些极性基团，但由于存在较大的烃基结构，而使其更易溶于石油醚等非极性溶剂中。其结构式为：

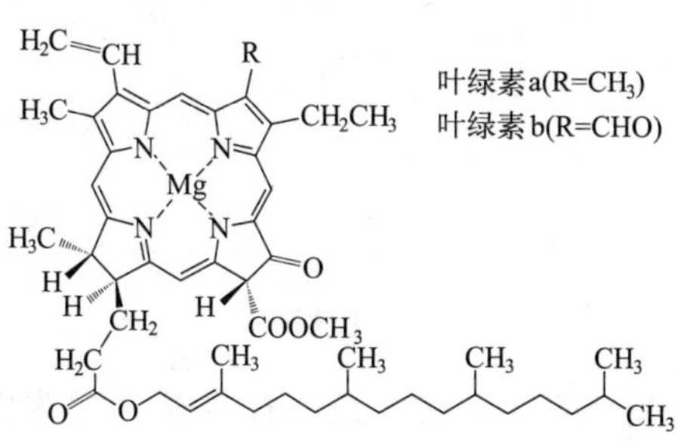

胡萝卜素（carotene，$C_{40}H_{56}$）是具有长链结构的共轭多烯，有 α、β、γ 三种异构体，其中 β-胡萝卜素的含量最高，也最重要。β-胡萝卜素是由两分子维生素 A 在链端失水而形成的，在生物体内 β-胡萝卜素受酶催化氧化可分解为维生素 A，所以 β-胡萝卜素又称为维生素 A 原，具有与维生素 A 相似的生理活性，可用于治疗夜盲症，也可作为食品色素添加剂。α-胡萝卜素与 β-胡萝卜素的结构式为：

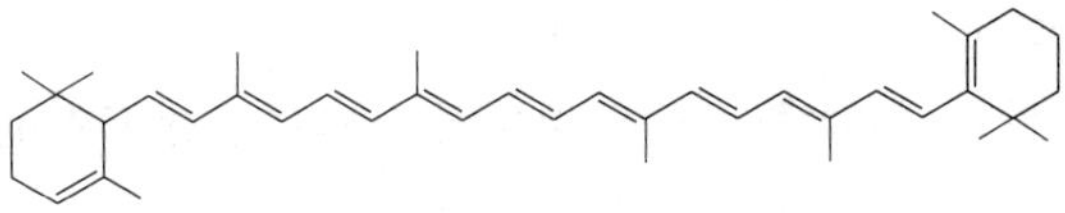

α-胡萝卜素

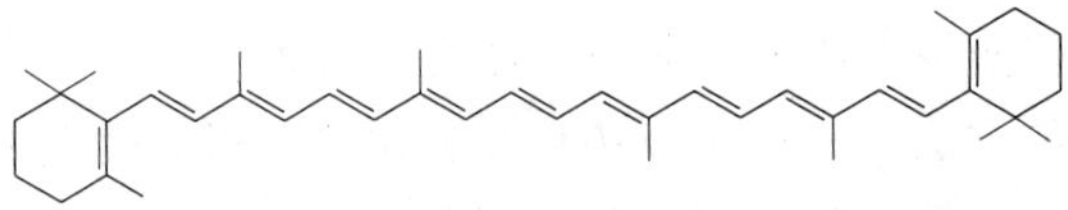

β-胡萝卜素

高等植物中叶黄素类物质是胡萝卜素的羟基衍生物，在薄层板均呈现黄色斑点，主要成分是叶黄素、紫黄质（紫玉米黄质）和新黄质（新叶黄素、新玉米黄素），在绿叶中的含量通常是胡萝卜素的 2 倍。叶黄素有抗氧化和光保护作用，可促进视网膜细胞中视紫质（rhodopsin）的再生成，可预防高度近视及视网膜剥离，并可提高视力、保护视力。其结构式为：

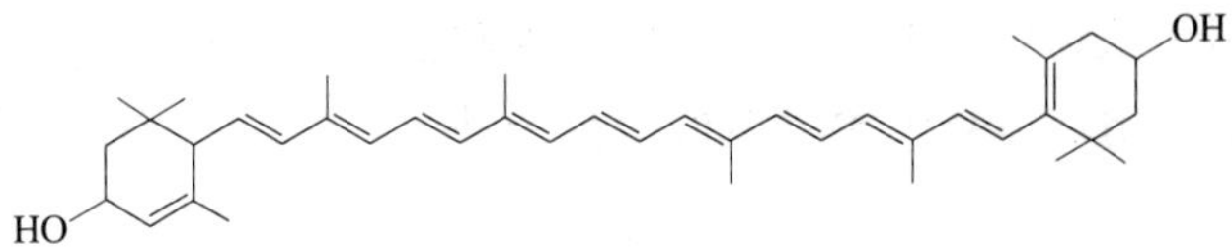

叶黄素

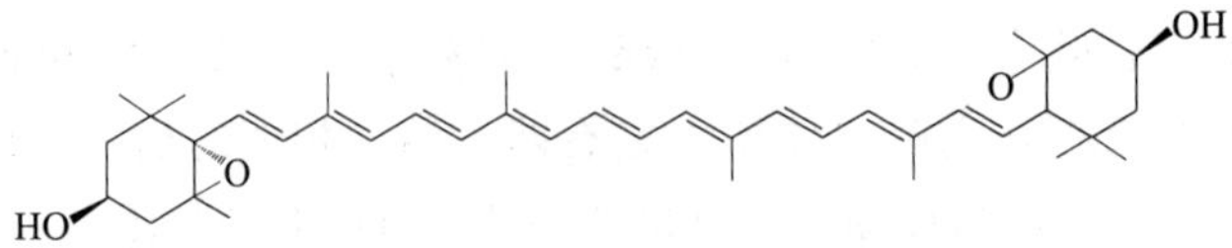

紫黄质

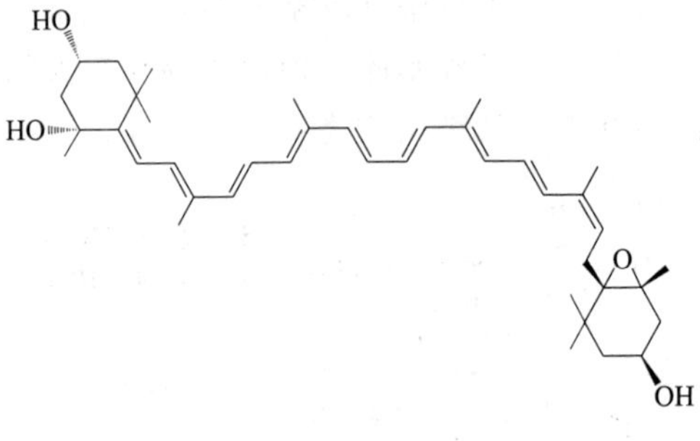

新黄质

从菠菜叶中提取分离色素，本实验是以石油醚-乙醇为混合溶剂先萃取出菠菜中的色素混合物，再用薄层色谱对几种色素进行分离。通过比较、计算薄层色谱中各种色素 R_f 值的大小关系，鉴定并归属分离出的色素。胡萝卜素由于含有较长的烃基结构，极性最小；新黄质含有 3 个羟基，与硅胶 G 中硅醇结合较强，展开速度较慢；紫黄质含有双羟基及双环氧，展开速度应慢于含双羟基的叶黄素，快于含有三个羟基的新黄质。

三、实验试剂和仪器装置

1. 试剂

新鲜菠菜叶、乙醇、石油醚（60～90℃）、饱和食盐水、无水硫酸钠。

2. 仪器装置

研钵、分液漏斗、锥形瓶、圆底烧瓶、色谱展开缸、滴管。

实验装置如图 4-5 所示。

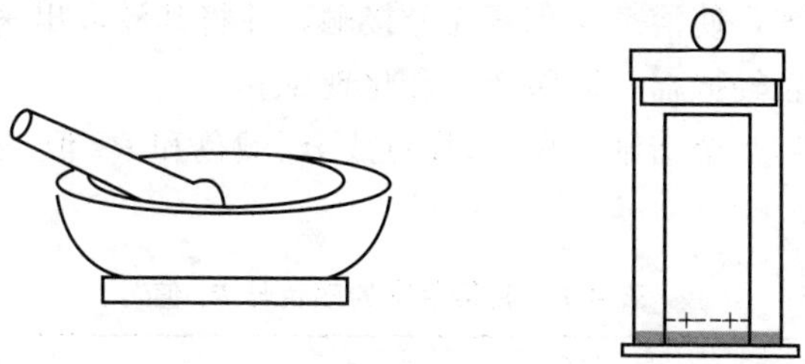

图 4-5　菠菜色素的提取和分离的主要装置

四、实验步骤

1. 色素的提取

称取 5g 新鲜菠菜叶，用剪刀剪碎置于研钵中，加 21mL 的石油醚和乙醇（体积比 2∶1）混合均匀，然后在研钵中研细，浸泡 10min[1]。将提取液用吸管转移至分液漏斗中，加入 10mL 饱和食盐水洗涤以除去水溶性物质[2]，弃去下层水相（水-乙醇层），上层有机相（石油醚层）再用 10mL 水洗涤 2 次，以除去萃取液中的乙醇。洗涤时，要轻轻振摇，以防止乳化。分去水层，有机层从上口倒入一个干燥、洁净的锥形瓶中，用适量无水硫酸钠干燥 0.5～1h。如溶液颜色较浅，可滤入另一个干燥的圆底烧瓶中，蒸馏浓缩提取液。

2. 薄层色谱分离

在 10cm×2.5cm 的硅胶 G 板上，用点样毛细管蘸取少量菠菜色素浓缩液，在划线处点样，如果一次点样的斑点颜色较浅，待溶剂挥发后，可重复点样，但斑点要尽量小。然后小心放入加有 10mL 展开剂（石油醚∶乙酸乙酯＝3∶2）的展开缸中，盖好瓶盖，静置展开。注意观察展开过程，待展开剂上升至规定高度时，取出薄层板，用铅笔标记溶剂前沿，在空气中晾干，并进行测量，分别计算出各色素的 R_f 值[3]。

各色素的 R_f 值由大到小，依次为胡萝卜素（橙或黄色）、脱镁叶绿素（灰色）、叶绿素 a（蓝绿色）、叶绿素 b（绿色或黄绿色）、叶黄素（黄色）、紫黄质（黄色）、新黄质（黄色）。

五、实验流程

菠菜 $\xrightarrow[\text{萃取}]{\text{石油醚-乙醇}}$ 萃取液 $\xrightarrow[\text{洗涤，干燥}]{\text{食盐水，水}}$ 有机相 $\xrightarrow{\text{蒸除溶剂}}$ 色素浓缩液 $\xrightarrow{\text{薄层色谱}}$ R_f 值

六、注释

［1］应尽量研细，使溶剂与色素充分接触，并将其浸取出来。

［2］洗涤时应轻轻振摇，以防产生乳化现象。

［3］可分离得到7个清晰的斑点，样点成分、颜色和 R_f 值(展开剂:石油醚∶乙酸乙酯＝3∶2)见表4-1。

表4-1　菠菜色素的颜色与 R_f 值

色素	颜色	R_f 值
胡萝卜素	橙黄色	0.96
脱镁叶绿素	灰色	0.83
叶绿素a	蓝绿色	0.70
叶绿素b	黄绿色	0.63
叶黄素	黄色	0.52
紫黄质	黄色	0.38
新黄质	黄色	0.19

七、思考题

1.本实验是如何从菠菜叶中提取色素的?

2.试比较叶绿素a、叶绿素b、叶黄素和胡萝卜素这几种色素的极性大小，为什么胡萝卜素最先被洗脱?

3.胡萝卜中胡萝卜色素的含量很高，试设计一个实验方案进行提取。

实验三十五 从牛奶中分离酪蛋白和乳糖

一、实验目的

1.学习从牛乳中分离提取酪蛋白和乳糖的原理及操作方法。

2.掌握离心机和旋光仪的使用方法。

3. 了解乳糖的变旋现象和蛋白质的鉴定方法。

二、实验原理

蛋白质是两性化合物，溶液的酸碱度将直接影响蛋白质分子所带的电荷，当调节体系的 pH 值到某一合适值时，蛋白质所带正、负电荷相等，此时的 pH 值为该蛋白质的等电点（isoelectric point），等电点时蛋白质的溶解度最小，易从体系中析出而被分离。

不同的蛋白质具有不同的等电点。牛奶中的蛋白质主要是酪蛋白，其浓度约为 35g/L。酪蛋白是含磷蛋白质的复杂混合物，其等电点为 4.8 左右，即调节牛奶的 pH 值至 4.8 左右时，酪蛋白将沉淀析出。

除蛋白质外，牛奶中还含有水（87.1%）、脂肪（3.9%）、糖（4.9%）和少量矿物质（0.7%）。其中的糖主要是乳糖。乳糖是由一分子半乳糖及一分子葡萄糖通过 β-1,4 糖苷键连接而成的二糖，因其分子中含有半缩醛羟基，所以具有还原性和变旋现象。其水溶液达到平衡时的比旋光度为 +53.5°。乳糖的结构式为：

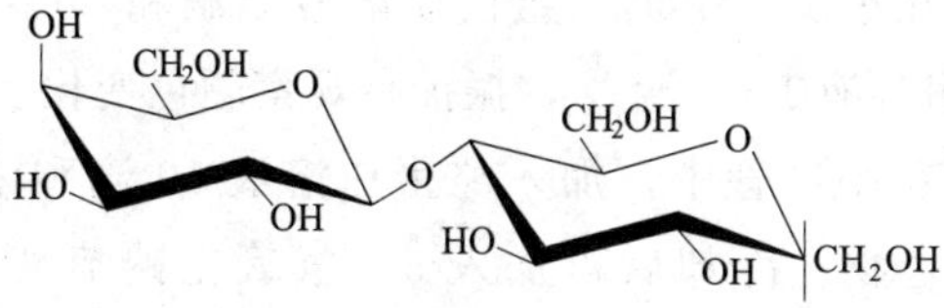

乳糖

4-*O*-(β-D-吡喃半乳糖基)-D-吡喃葡萄糖

利用酪蛋白在等电点时溶解度最小的性质，调节牛奶的 pH 至 4.8 左右，可使酪蛋白从牛奶中析出，通过离心分离可得到酪蛋白粗品。其中还夹杂脂质杂质，利用酪蛋白不溶于乙醇、乙醚，而脂质杂质易溶其中的性质，用乙醇或乙醚洗涤粗制品，可除去脂质杂质，使酪蛋白得到初步纯化。

经过脱脂并离心分离出蛋白质的牛奶清液，称为乳清。其中约含 40%～60% 的乳糖。乳糖易溶于水，不溶于乙醇、乙醚。在乳清中加入乙醇或乙醚，即可使乳糖晶体慢慢析出。

通过双缩脲反应、黄蛋白反应及茚三酮等反应中蛋白质的颜色变化可对酪蛋白进行鉴定；通过变旋现象（旋光度的测定）可对乳糖进行定性鉴定。

三、实验试剂和仪器装置

1. 试剂

脱脂牛奶、冰醋酸、95% 乙醇、乙醚、氢氧化钠、硫酸铜、生理盐水、浓硝酸、茚三酮。

2. 仪器装置

低速冷冻离心机（大容量）（图 4-6）、抽滤装置、烧杯、试管等。

图 4-6　低速冷冻离心机

四、实验步骤

1. 酪蛋白的分离与鉴定

（1）酪蛋白的分离　取 50mL 脱脂牛奶[1] 置于烧杯内，小心加热至 40℃，保持此温度恒定，搅拌下慢慢滴加醋酸-水溶液（体积比 1∶9），此时应有白色沉淀析出。继续滴加醋酸-水溶液，直至不再析出沉淀为止[2]，此时混合液的 pH 值应为 4.8 左右，继续搅拌并慢慢冷却至室温。静置 10min 后将混合物转入离心机中，在 3000r/min 下离心 15min。过滤，留存上清液（乳清）待后续乳糖分离实验。

（2）酪蛋白的鉴定

① 双缩脲反应：在小试管中加入蛋白质溶液 5 滴和 10%氢氧化钠溶液 5 滴，摇匀后加入 1%硫酸铜溶液 1～2 滴[3]，振摇，观察颜色变化。

② 黄蛋白反应：在小试管中，加入酪蛋白溶液 10 滴和浓硝酸 3 滴，水浴加热，生成黄色硝基化合物。冷却后再加入 5%氢氧化钠溶液 16 滴，溶液应呈橘黄色。

③ 茚三酮反应：在小试管中加入蛋白质溶液 10 滴和茚三酮/醇试剂 4 滴，加热至沸腾，应有蓝紫色物质出现。

2. 乳糖的分离与鉴定

（1）乳糖的分离　将前一步中离心、过滤后收集的上清液（乳清）置于小烧杯中，小心加热浓缩至 5mL 左右，稍冷后迅速加入 10mL 95%乙醇，冰浴下冷却，并用玻璃棒摩擦器壁，使晶体完全析出。放置 15min 后抽滤，晶体用 10mL 95%乙醇分两次洗涤，即得乳糖粗品。

将粗品溶于尽可能少（约 8～10mL）的 50～60℃的热水中，滴加乙醇至溶液浑浊。水浴加热至浑浊消失，放置，冷却，抽滤，晶体用 10mL 95%乙醇分两次洗涤，干燥后即得含有一分子结晶水的乳糖（$C_{12}H_{22}O_{11} \cdot H_2O$）（其熔点为 210℃）。称重，并计算含量。

（2）乳糖的鉴定

① 乳糖还原性：在少量乳糖溶液加入 5 滴 10%氢氧化钠，再加入 2 滴硫酸铜，加热，应有砖红色出现。

② 乳糖的变旋现象：精确称取 1.25g 乳糖于小烧杯中，加入少量蒸馏水溶解，

迅速转入 25mL 容量瓶中并定容。装入旋光管中测定第一次旋光度。以后每隔 1min 测定 1 次，至少测定 6 次，8min 内完成。10min 后，每隔 2min 测 1 次，至少测定 8 次，20min 内完成。计算每次测定的比旋光度，观察变旋现象[4]。

五、实验流程

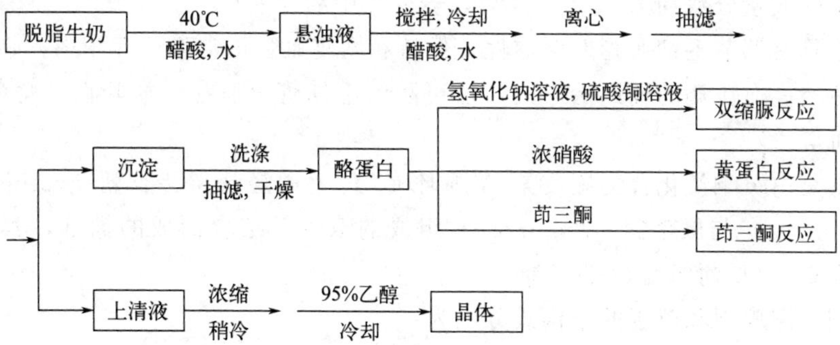

六、注释

[1] 牛奶在实验前不能放置过久，否则乳糖会缓慢转变为乳酸而影响分离。

[2] 醋酸不宜过量，以免乳糖水解为半乳糖和葡萄糖。

[3] 硫酸铜不宜过多，以免产生蓝色的氢氧化铜沉淀，干扰实验现象。

[4] 测定旋光度前，应准备好所有仪器和药品，从溶液配制到开始测定的所有操作应在 2min 内完成。

七、思考题

1. 从牛奶中分离酪蛋白时为何调节溶液的 pH 至 4.8？

2. 说明乳糖存在变旋现象的原因。

3. 蛋白质的定性鉴定方法有哪些，其原理是什么？

实验三十六 槐花米中芦丁的提取和鉴定

一、实验目的

1. 掌握芦丁等黄酮类化合物的提取原理及方法。

2. 掌握糖苷类结构的一般鉴定方法。

3. 熟悉重结晶等操作方法。

二、实验原理

芦丁（rutin），又称芸香苷，广泛存在于植物中，现已发现的含芦丁的植物至少有70种以上，如烟叶、槐花、荞麦和蒲公英中均含有芦丁，尤以槐花米［豆科槐属植物槐树（*Sophora japonica* L.）未开放的花蕾］和荞麦中含量最高，槐花米中芦丁的质量分数约为12%～16%，荞麦叶中约为8%。

芦丁具有调节毛细血管壁渗透性、保持和恢复血管正常弹性等作用，临床上主要用作防治高血压病的辅助治疗剂，还可防治毛细管出血症，如吐血、痔疮便血、子宫出血等。

芦丁是由黄酮类化合物槲皮素A酚环C_3位上的羟基与芸香糖［rutinose，葡萄糖（glucose）与鼠李糖（rhamnose）组成的双糖］结合而成的糖苷，其化学名称为槲皮素-3-*O*-葡萄糖-*O*-鼠李糖。

黄酮、槲皮素和芦丁的结构式分别为：

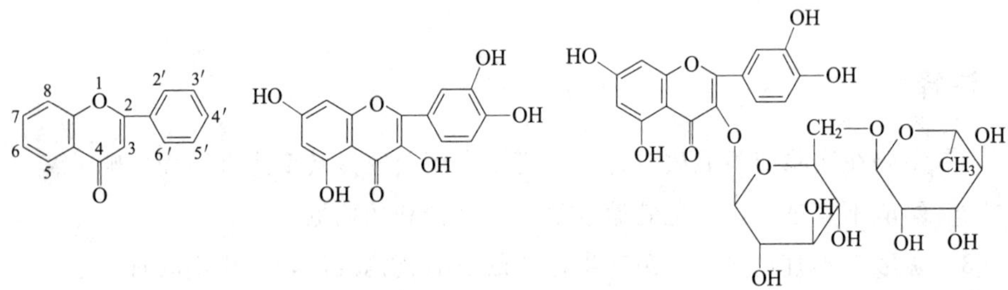

黄酮　　　　槲皮素　　　　槲皮素-3-*O*-葡萄糖-*O*-鼠李糖（芦丁）

芦丁为淡黄色或黄绿色针状晶体，常含有3个结晶水，熔点174～188℃，失去结晶水后熔点为188～190℃。溶解度：冷水1∶8000，热水1∶200；冷乙醇1∶300，热乙醇1∶30；芦丁分子中含有多个酚羟基，可在碱性溶液中形成酚盐，因而易溶于吡啶和石灰石等碱性溶液中；几乎不溶于苯、醚、氯仿等溶剂。

利用芦丁在冷、热乙醇中溶解度的差异，可用乙醇作提取剂进行提取，提取液浓缩后利用其在冷、热水中溶解度的差异，用水进行重结晶；也可利用芦丁易溶于碱性溶液的性质，用石灰水提取，提取液酸化后再用水重结晶，得到精品。

芦丁在酸性条件下可水解为槲皮素、葡萄糖和鼠李糖。通过纸色谱、薄层色谱，分别以葡萄糖、鼠李糖、芦丁、槲皮素的标准品为对照，可对提取精制产品及酸水解后的产物进行鉴定。也可测定产物的紫外吸收光谱，与标准谱图对比。

三、实验试剂和仪器装置

1.试剂

槐花米、乙醇、石油醚、丙酮、硫酸、石灰乳、浓盐酸、芦丁标准品。

2. 仪器装置

烧杯、加热套、抽滤装置。

四、实验步骤

称取 3g 研细的槐花米，置于烧杯中，加入 30mL 饱和石灰乳溶液[1]，加热至沸腾，并不断搅拌，沸煮 15min 后抽滤。滤渣再用 20mL 饱和石灰水溶液煮沸 10min，抽滤。合并两次滤液，用质量分数为 15%的盐酸中和至 pH 为 3～4。放置 1～2h，使沉淀完全，抽滤，滤饼用少量水洗涤 2～3 次，得芦丁粗品。

将粗品置于烧杯中，加水 30mL，加热至沸腾，搅拌下慢慢加入约 10mL 饱和石灰水溶液，调节 pH 为 8～9，待溶解后趁热过滤。滤液置于烧杯中，用 15%盐酸调节溶液的 pH 值为 4～5，静置 30min，析出黄色晶体，抽滤，晶体用水洗涤 1～2 次，烘干后称重（约 0.3g），计算收率并测定熔点。

芦丁熔点 174～178℃。

五、实验流程

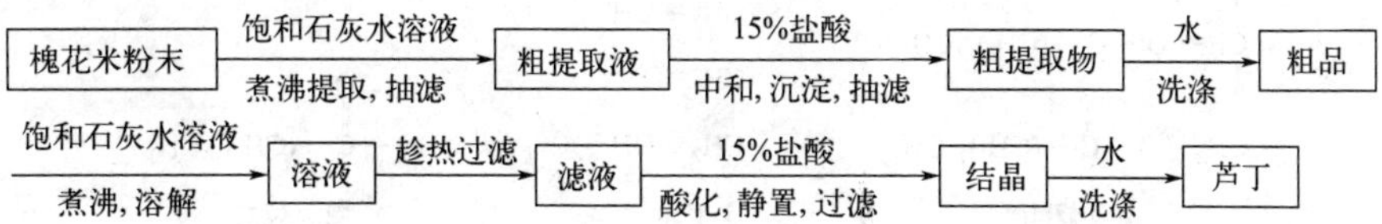

六、注释

[1] 石灰乳一方面用于芦丁的提取，另一方面可以除去槐花米中大量的黏液质和酸性树脂（形成钙盐沉淀），但 pH 不能过高，也不能长时间煮沸，以免芦丁降解。也可直接加入 50mL 水和氢氧化钙粉末，不用配成饱和溶液。第二次溶解时只需加 10mL 水。

七、思考题

1. 试比较醇提取法和碱提取法的优缺点。
2. 糖苷类物质水解有几种催化方法？
3. 可以从哪几方面对芦丁进行鉴定？

实验三十七　肉豆蔻酯的提取

一、实验目的

1. 掌握肉豆蔻酯的提取原理及方法。
2. 熟悉熔点测定等操作方法。

二、实验原理

肉豆蔻酯存在于许多植物油脂中，以甘油的肉豆蔻酸三酯形式存在。天然油脂绝大多数是甘油的直链羧酸酯，其中直链羧酸最常见的是 14～20 个碳原子的羧酸。事实上油和脂的唯一区别是室温下的状态是液体还是固体。肉豆蔻酸没有不饱和双键，因而属于饱和脂肪酸，肉豆蔻酯（甘油三肉豆蔻酸酯）是一种饱和的脂类化合物，在食物中过量存在会增加患心脏病的危险。

肉豆蔻是肉豆蔻树的坚硬芳香的种子，自从四百多年前被葡萄牙海盗从印度尼西亚的香料岛发现后就成为一种很有价值的香料，其独特之处在于其纯度非常高。一般的油脂多为混合物，即甘油与不同长链羧酸形成的酯，没有固定熔沸点。而肉豆蔻酯则是纯粹的直链饱和十四碳酸与甘油形成的酯，具有固定的熔点（55～56℃）。

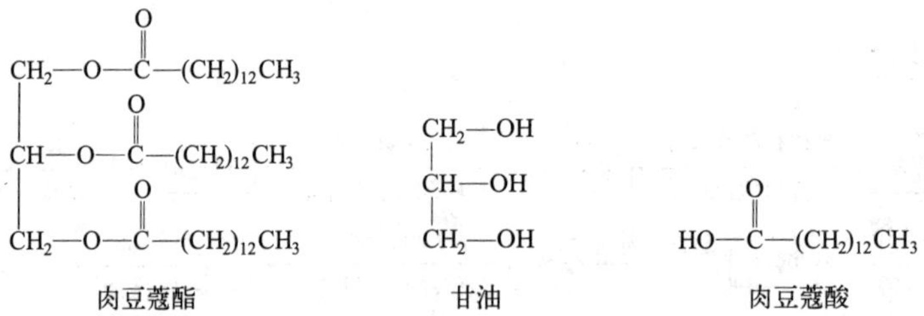

天然产物的提取一般会涉及非常复杂的混合物分离过程，从混合物中得到单一有用的物质通常要利用它们与酸碱反应的性质或通过色谱分离方法，因而烦琐而且耗时。而肉豆蔻酯非常例外，可以用非常简单的方法分离得到。

三、实验试剂和仪器装置

1. 试剂

肉豆蔻（事先研碎）、乙醚、丙酮。

2. 仪器装置

100mL 圆底烧瓶、25mL 圆底烧瓶、25mL 锥形瓶、回流装置、蒸馏装置、漏斗、滤纸。

实验装置如图 4-7 所示。

四、实验步骤

在 100mL 圆底烧瓶中加入 4g 粉碎的肉豆蔻，加入 10mL 乙醚[1]，安装回流装置，用冰水进行冷却为宜，小心加热回流大约半小时[2]。冷却到室温，用凹槽滤纸过滤[3]，滤液转入 25mL 圆底烧瓶中。用 2～4mL 乙醚润洗残余物，合并入滤液。安装简单蒸馏装置，加热蒸馏除去乙醚（也可利用旋转蒸发仪），残余物加入

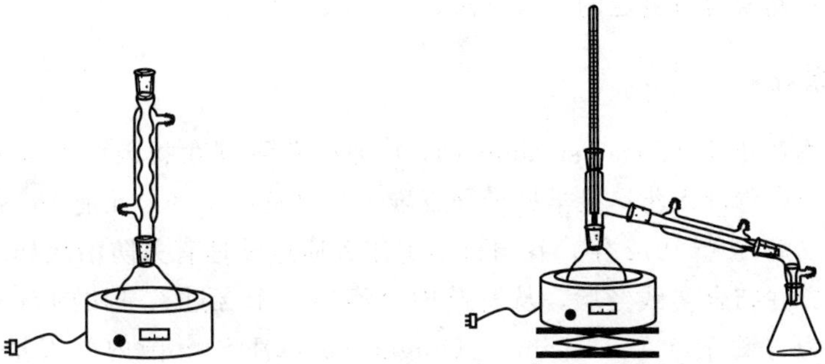

(a) 回流提取　　(b) 蒸馏浓缩

图 4-7　提取肉豆蔻脂的主要装置

3～4mL 丙酮，加热溶解，快速转入 25mL 锥形瓶中，室温冷却半小时，如未结晶，用玻璃棒摩擦容器壁促进结晶。结晶后用冰水继续冷却 15min，抽滤。所得固体转入蒸发皿，风干。称重，测定熔点。

肉豆蔻酯：m. p. 55～56℃。

五、实验流程

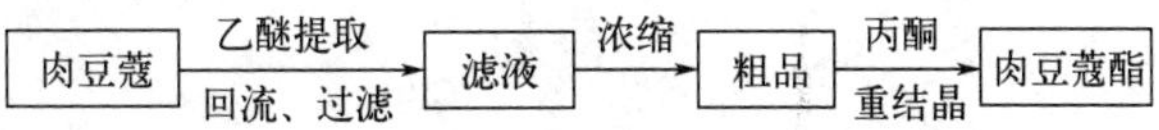

六、注释

［1］乙醚和丙酮都是低沸点易燃液体，不能用明火加热。

［2］乙醚回流提取时要控制加热电压使回流控制在冷凝管下部的三分之一，防止溶剂过度挥发。

［3］乙醚沸点低，减压抽滤会使挥发损失很大，产物会析出于抽滤瓶中。

七、思考题

1. 为何用乙醚提取而不用丙酮直接提取？

2. 用粉碎的肉豆蔻和整个的肉豆蔻进行试验有何差别？

3. 考察提取物的性质，肉豆蔻酯是不是肉豆蔻的香味来源？

实验三十八　青蒿素的提取

一、实验目的

1. 掌握青蒿素的提取原理及方法。

2. 掌握青蒿素含量测定的一般方法。

二、实验原理

菊科植物黄花蒿（Artanisia annua L.）即中药青蒿在我国作为抗疟药已有两千多年的历史，青蒿入药，最早见于马王堆三号汉墓出土（公元前 168 年左右）的帛书《五十二病方》。1972 年，我国科学工作者通过整理有关防治疾病的古代文献和民间单验方并结合实践经验，从青蒿中分离出一个含过氧基团的新型倍半萜内酯，并命名为青蒿素（Artemisinin，Qinghaosu，QHS）。国内外大量理化实验、药理研究以及临床应用表明，青蒿素是抗疟的有效成分。青蒿素结构独特，抗疟机制特别强，对抗氯喹的恶性疟和脑内疟有特效，因此，国际上有关方面认为青蒿素的发现是抗疟研究史上的重大突破，青蒿素已成为世界卫生组织推荐的抗疟药品。

青蒿素的分子式为 $C_{15}H_{22}O_5$，分子量为 282.34。系统命名法命名为：Octahydro-3，6,9-trimethyl-3,12-epoxy-12*H*-pyrano［4,3-j］-1,2-benzodioxepin-10（3*H*)-one。其中包括 1,2,4-三噁罕见结构单元，另外，分子中包括 7 个手性中心。其分子结构为：

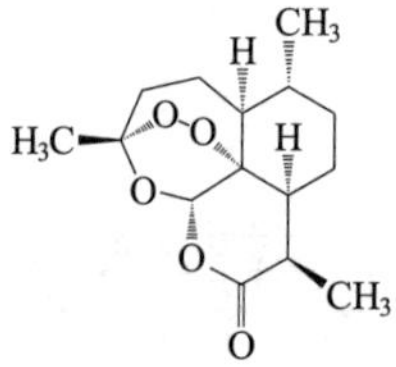

青蒿素

青蒿素为无色针状结晶，熔点为 156～157℃，密度为 $1.3g/cm^3$。易溶于氯仿、丙酮、乙酸乙酯和苯，可溶于乙醇、乙醚，微溶于冷石油醚，几乎不溶于水。因其具有特殊的过氧基团，对热不稳定，易受热、湿和还原性物质的影响而分解。

目前青蒿素的来源有以下几种：①从植物黄花蒿中直接提取。目前除黄花蒿外尚未发现含有青蒿素的其他天然植物资源，商业用的青蒿素主要来自植物黄花蒿的提取。②半合成。从黄花蒿中提取含量较高的青蒿酸，然后半合成得到青蒿素。青蒿酸与青蒿素共存于植物黄花蒿中，青蒿酸的含量是青蒿素的 8～10 倍，用青蒿酸半合成青蒿素是一种有价值的方法。③全合成。包括化学全合成和生物全合成。④组织培养。应用基因工程、细胞工程等手段提高青蒿素含量，采用生物反应器技术大规模组织培养生产青蒿素已经成为世界上的研究热点，但这些技术中存在的一个重要问题就是所用的黄花蒿材料以及生物技术培养的材料中青蒿素的含量仍然维持在一个相当低的水平上，这是降低生产成本的一个最大障碍。

青蒿素半合成、全合成的研究虽取得了一些明显的进展，但工艺复杂，步骤多、产率低，成本太高，目前尚未显示出商业的可行性。青蒿组织培养的研究工作主要集中在利用生物技术的手段来进行组织培养物的改进和高青蒿素含量培养系的筛选和建立，对于利用生物反应器培养青蒿组织来生产青蒿素的研究工作尚处于起步阶段，组织培养的技术尚不成熟。目前商用的青蒿素仍然主要来自植物黄花蒿的提取。

在从植物黄花蒿中提取青蒿素的过程中，主要存在着三个问题。一是青蒿素在黄花蒿中的含量不高，一般在 0.1%～0.6%，而且黄花蒿的自然资源不甚丰富；二是青蒿素是细胞内产物，提取时青蒿素从细胞内释放，扩散进入提取介质的速率比较慢，影响了提取率，增加了操作成本；三是青蒿素遇热不稳定，受热易分解。

从黄花蒿中提取青蒿素的方法主要是以萃取原理为基础，方法主要有乙醚浸提法和溶剂汽油浸提法。挥发油成分主要采用水蒸气蒸馏提取，减压蒸馏分离，其工艺为：投料、加水、蒸馏、冷却、油水分离、精油；非挥发性成分主要采用有机溶剂提取，柱色谱及重结晶分离，基本工艺为：干燥、破碎、浸泡、萃取（反复进行）、浓缩提取液、粗品精制。青蒿素的提取方法主要有索氏提取法、微波辅助提取法、超临界二氧化碳萃取、超声波提取、回流提取、水蒸气蒸馏法提取等。

青蒿素只在紫外区末端有较弱吸收。将青蒿素与碱反应后再酸化，生成一最大吸收值在 260nm 处的化合物（Q260），则可在紫外区进行测定。其中中间产物 Q292 不稳定，而最终产物 Q260 较稳定，可进行 HPLC 分析。

三、实验试剂和仪器装置

1. 试剂

青蒿叶末、石油醚（30～60℃）、95%乙醇、氢氧化钠。

2. 仪器装置

恒温水浴锅、100mL 圆底烧瓶、100mL 和 50mL 容量瓶、回流装置、旋转蒸发仪、抽滤装置。实验装置如图 4-8 所示。

四、实验步骤

1. 方法一

① 样品提取　称取青蒿样品 2g 置于 100mL 圆底烧瓶中，加入 60mL 石油醚，于 50℃ 搅拌提取 1.5h[1]。将提取液冷却至室温后抽滤，滤液置于分液漏斗中，加入 2%氢氧化钠水溶液 10mL，振荡，分液。10mL 水洗涤，分液。提取液置于圆底烧瓶中低于 55℃减压蒸馏，得到含青蒿素的浸膏。

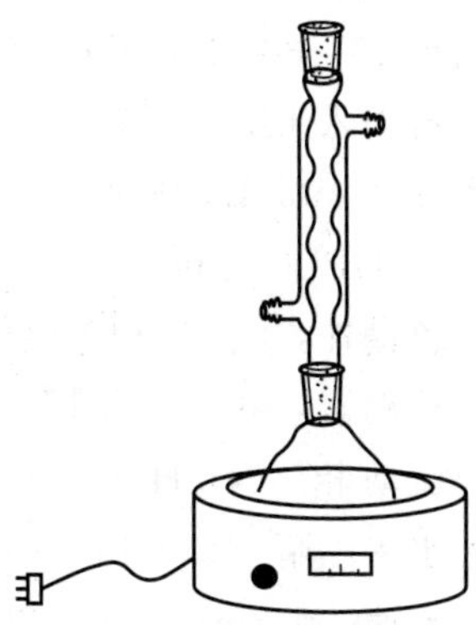

图 4-8　提取青蒿素的主要装置

② 标准曲线的制备　精确称取干燥至恒重的青蒿素标准品 10mg，并定容于 100mL 容量瓶中，用 95%乙醇稀释至刻度。分别吸取 0mL、2mL、4mL、6mL、8mL、10mL 溶液于 50mL 容量瓶中，

以 95%乙醇补充至 10mL，补加 0.2%氢氧化钠溶液至刻度。置于 50℃水浴中反应 30min，冷水冷却至室温。在 292nm 处测吸光值，做标准曲线。

青蒿素浓度按下式计算：

$$C/(\mathrm{mg/50mL})=1.05138A+0.0105983$$

式中，C 为青蒿素浓度，mg/50mL；A 为吸光度。

③ 粗提物含量测定　以 95%乙醇溶解浸膏，并定容于 100mL 容量瓶中备测。

④ 样品溶液的测定　吸取样液 2mL 于 20mL 容量瓶中。补充 95%乙醇至 4mL 后，加入 0.2%氢氧化钠溶液至刻度。50℃水浴中反应 30min 后取出，冷水冷却至室温，于 292nm 处测吸光值。

青蒿素提取量 M 计算公式如下：

$$M=\frac{CV_{\mathrm{s}}n}{W_0}$$

$$E=\frac{M}{M_0}\times 100\%$$

式中，$V_{\mathrm{s}}=20\mathrm{mL}$（被测样品体积）；$n=25$（稀释倍数）；$W_0=2\mathrm{g}$（原料用量）；$E$ 为提取收率；M 为提取量，mg/g；M_0 为原料青蒿素含量（mg/g）。

2. 方法二

① 青蒿素标准溶液的配制　准确称取约 106.8mg 青蒿素标样到 100mL 容量瓶中，用乙醇溶解、定容。分别取 0mL、0.5mL、1mL、2mL 和 5mL 上述溶液于 5 个 50mL 容量瓶中，用乙醇补加至 5mL，再加入 18mL 0.2% NaOH，在 50℃的水浴中反应 30min，用水冷却到室温，再用 0.04mol/L 的醋酸溶液稀释至刻度，摇匀，待分析。

② 原料青蒿素含量测定　准确称取约 5g 的青蒿素粉末，加入 250mL 石油醚，于 50℃搅拌提取 1.5h。再真空脱除石油醚。用 100mL 乙醇溶解残渣，过滤，滤液浓缩至 20～30mL 用乙醇定容于 50mL 容量瓶中。准确移取 5mL 于 50mL 容量瓶中，再加入 18mL 0.2% NaOH，在 50℃的水浴中反应 30min，用水冷却到室温，再用 0.04mol/L 的醋酸溶液稀释至刻度，摇匀，待分析。

③ HPLC 分析

色谱柱：C_{18} 反相色谱柱（4.6mm×250mm，5μm 固定相）；

检测器：996 二极管阵列紫外检测器，检测波长 260nm；

流动相：Na_2HPO_4（0.9mmol/L）-NaH_2PO_4（3.6mol/L）缓冲溶液［甲醇∶水∶乙腈=45∶45∶10（体积比），pH=7.76］；

流速：0.5mL/min，恒流；

进样量：10uL，样品进样分析前用 0.45μm 的滤膜过滤；

柱温：30℃恒温下操作。

按前述方法配制五个标准溶液，经测定得到青蒿素峰面积 A 和标准样品摩尔浓度 C 的关系曲线。测定待测液峰面积，代入公式计算出待测液青蒿素浓度。

五、实验流程

六、注释

[1] 提取时搅拌速度宜快些。因为青蒿素高温容易分解，加热温度不宜超过 60℃。

七、思考题

1. 青蒿素的哪些结构特点决定了提取温度不能超过 60℃？
2. 影响青蒿素提取的因素有哪些？

第5章 绿色化学实验

实验三十九 3,4-二甲氧基苯甲醛与1-茚酮羟醛缩合反应

一、实验目的

1.学习并掌握羟醛缩合反应的基本机制，理解其在碳—碳键形成中的重要性。

2.掌握在无溶剂条件下通过固体碱催化进行羟醛反应的实验方法。

3.熟悉绿色化学原则在有机合成中的应用，包括原子经济性、减少有害溶剂使用、废物最小化等。

4.培养学生绿色实验设计与环境友好型实验操作的意识。

二、实验原理

羟醛缩合是有机化学中一种重要的碳—碳键构建反应，常发生在具有 α-氢的醛或酮分子之间，在碱性或酸性条件下形成 β-羟基醛/酮。反应可以进一步脱水，生成 α,β-不饱和羰基化合物。具体的反应机理如下：

酸催化的反应机理：

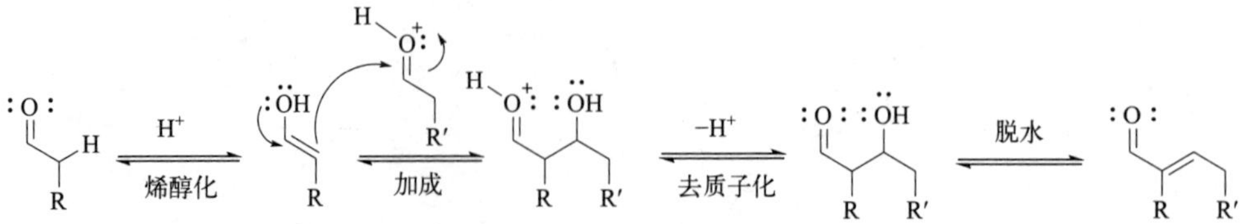

碱催化的反应机理（图例使用 $-OCH_3$ 作碱）：

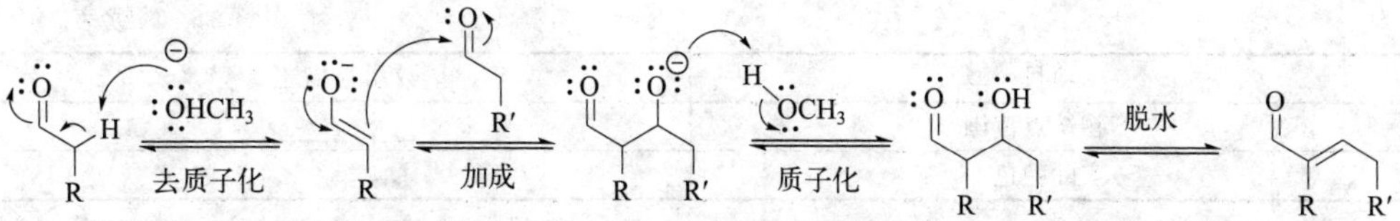

本实验中，在无溶剂条件下将3,4-二甲氧基苯甲醛与1-茚酮在固体NaOH催化下研磨发生反应。反应简洁、高效且更加绿色环保。该方法避免了有机溶剂的使用，减少了实验对环境和人体健康的潜在危害。反应式如下：

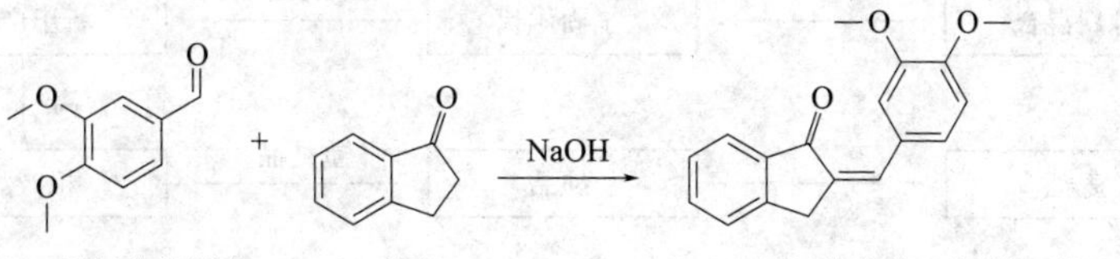

三、实验试剂和仪器装置

1. 试剂

3,4-二甲氧基苯甲醛、1-茚酮、氢氧化钠（NaOH）、盐酸（10%）、乙醇/水（9∶1）、蒸馏水。

2. 仪器装置

烧杯、研钵和研杵、铁架台、玻璃棒、抽滤装置（布氏漏斗、滤纸、抽滤瓶）、表面皿、玻璃漏斗、量筒、加热套、天平、毛细管、真空泵、熔点测定仪。

四、实验步骤

1. 将0.25g 3,4-二甲氧基苯甲醛与0.20g 1-茚酮加入烧杯中，用玻璃棒充分混合压碎，观察是否生成棕色油状物。

2. 称取0.05g NaOH研磨成细粉末，加入反应混合物中继续研磨，直至混合物变为固体状，表明反应开始发生[1-3]。

3. 将反应体系静置反应15分钟，促使羟醛缩合反应进行并脱水生成不饱和酮类产物。

4. 加入2mL 10% HCl溶液，搅拌并刮落壁上产物，调节溶液pH<4，终止反应，使产物析出[4]。

5. 进行抽滤，收集并称重粗产物。

6. 用≤20mL的90%乙醇/10%水混合溶剂重结晶产物，过滤并晾干，记录纯产物的质量和熔点。

7. 整理并将实验现象、产率、熔点等实验数据记录到下表，用于分析反应结果。

项目	数据与描述
粗产物质量	________g
重结晶产物质量	________g
产率	________%

续表

项目	数据与描述
产物熔点范围	______~______℃
实际颜色	

五、实验流程

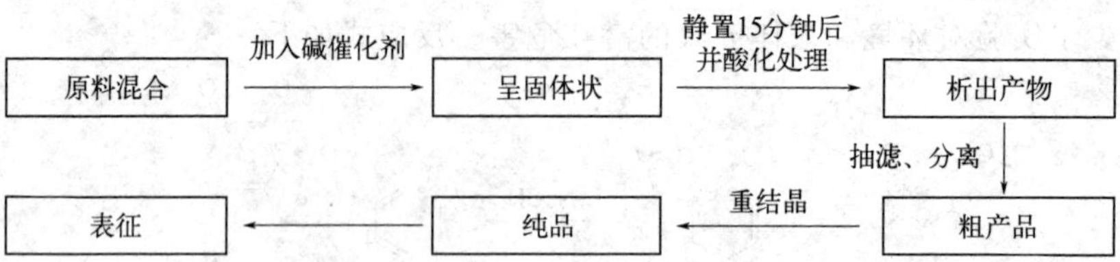

六、注释

［1］研磨反应物务必混合均匀并充分接触，以便反应物能通过表面接触在无溶剂条件下发生反应。若仅局部反应或研磨不彻底，将显著影响产率。

［2］NaOH 必须预先研细后再加入，否则颗粒较大不易分散，可能造成局部碱性过强，引发副反应或烧蚀试管表面。此步骤也是反应真正开始的关键步骤，务必将混合物研磨至均匀糊状或固化状态。

［3］着重观察物质状态变化，混合物逐渐由固体转变为糊状或油状，最后变为固体，这是羟醛加成-消除反应进行的物理信号。初始产生的是液态羟醛加成产物，随后因生成 α,β-不饱和羰基化合物而固化。

［4］酸化是为了中和未反应的 NaOH 并促进产物沉淀。如果酸性不足，部分产物可能残留在水相或反应不完全。可用 pH 试纸确认，$pH<4$ 为宜。

七、思考题

1. 为什么选择 NaOH 作为催化剂？其具体作用是什么？
2. 为什么需要将 NaOH 预先研细？如果直接加入粗颗粒碱，会对反应造成什么影响？
3. 酸化步骤中为什么用 10% HCl？是否可以使用其他酸？
4. 重结晶步骤中，如果不控制乙醇用量，会对晶体纯度与回收率产生什么影响？

实验四十　PET 的碱性水解

一、实验目的

1. 了解聚对苯二甲酸乙二酯（PET）的水解机制。

2. 掌握回收对苯二甲酸（TPA）的实验方法。

3. 实践塑料回收与可持续有机合成的结合。

二、实验原理

塑料降解对于减轻环境污染、保护生态系统、减少废弃物堆积和推动资源可持续利用具有重要意义。目前，塑料降解研究主要集中在生物可降解塑料（如 PLA、PHA、PBAT)、光降解、氧化降解和酶降解等方向，并且已在包装、农用膜等领域实现初步应用。然而，研究降解塑料仍面临条件受限、成本较高、性能不稳定以及回收体系不完善等挑战。未来，随着绿色催化、智能响应材料和循环利用技术的发展，塑料降解有望在环境保护与可持续发展中发挥更大作用。

而塑料水解的本质是水分子参与的高分子降解反应，是许多可降解塑料（如 PLA、PET 等）降解过程中的关键步骤，在水的作用下，塑料高分子链断裂发生分解，有助于促进其在自然环境中降解，从而减少微塑料污染和生态危害。此外，塑料水解也是实现聚酯类塑料化学回收的有效途径，能够将废旧塑料转化为可再利用的单体，推动循环经济发展。塑料水解作为一种温和、无毒的绿色降解方式，不仅有助于理解塑料的降解机制，优化材料设计，还能为开发智能响应材料和环保降解技术提供理论与实践基础。

在本实验中，聚对苯二甲酸乙二酯（PET）是一种广泛应用于饮料瓶、纤维和食品包装等领域的热塑性聚酯，主链中含有大量酯键结构使其具备一定的可水解性。在碱性条件下（如 NaOH 水溶液中)，PET 的酯键易被破坏断裂，发生碱催化水解反应，生成对苯二甲酸盐（TPA^{2-}）和乙二醇（EG)。随后通过酸化处理(如加入稀盐酸或硫酸)，可将溶液中的 TPA^{2-} 转化为不溶性的对苯二甲酸(TPA）沉淀析出，从而实现高纯度的回收。乙二醇则可通过蒸馏或萃取等方式进一步分离和纯化。反应式如下：

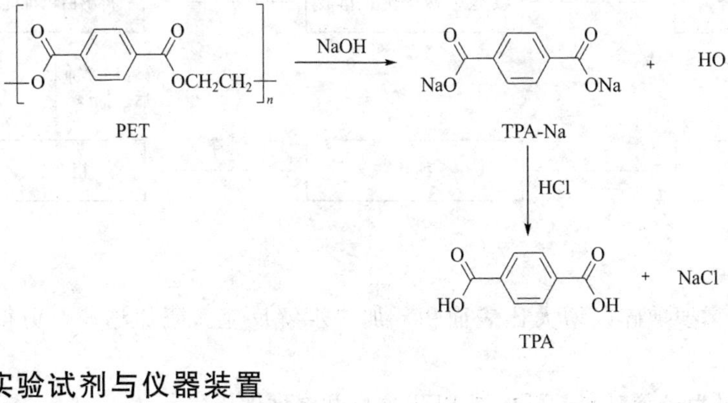

三、实验试剂与仪器装置

1. 试剂

碎 PET 塑料瓶片、10% NaOH、10%盐酸、蒸馏水。

2. 仪器装置

圆底烧瓶、温度计、烧杯、球形冷凝管、铁架台、玻璃棒、抽滤装置（布氏漏斗、滤纸、抽滤瓶）、表面皿、量筒、加热套、天平、pH 试纸、真空泵、熔点测定仪。

四、实验步骤

1. 称取约 2g 剪碎的 PET 塑料瓶片放于圆底烧瓶中，加入 50mL 10% NaOH 溶液中混合[1]。

2. 将混合液置于回流装置中，加热至 80～90℃，并持续反应 3 小时[2]。

3. 反应结束后冷却至室温，过滤除去未反应残渣，收集滤液。

4. 向滤液中缓慢滴加 10% 盐酸，调节溶液 pH 小于 4，观察到白色沉淀（TPA）析出[3]。

5. 将溶液静置 10～15 分钟，使沉淀充分形成。

6. 使用抽滤装置过滤沉淀，并用冷水洗涤数次，之后干燥并称重获得产物[4]。

7. 可采用红外光谱（FTIR）或熔点测定对产物进行结构确认。

8. 将相关实验数据和现象记录到下表，用于后续分析与计算产率。

项目	数据
TPA 质量	______g
产率	______%
熔点范围	______～______℃

五、实验流程

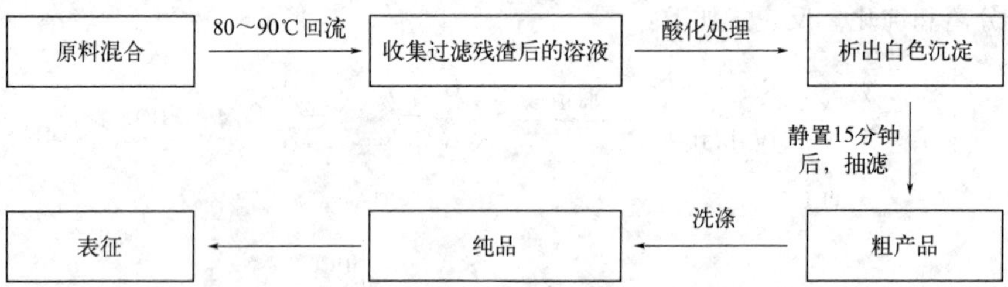

六、注释

[1] PET 需要剪碎以增大比表面积，加快水解反应。瓶片越薄，剪得越小，水解效率越高。

[2] 3 小时为经验时间，可根据 PET 厚度和温度做优化。

[3] 酸化过程一定要缓慢加入盐酸。

[4] 过滤过程中一定要用冷水洗涤。

七、思考题

1. 在水解过程中，生成的是哪种形式的 TPA？是 TPA 的二钠盐还是部分酸形式？为何酸化后才能析出？

2. 为何乙二醇不会析出？是否可以回收？

3. 酸化过程为什么需要“缓慢加入”盐酸？快速酸化会有什么不利影响？（从结晶形貌、杂质夹带、pH 控制等方面考虑。）

4. 为什么要用冷水洗涤沉淀？热水洗会带来什么影响？

5. 为什么 PET 难以直接被 NaOH 水解？其聚合物结构中哪些因素影响其反应性？

实验四十一　电化学酯化合成异香豆素

一、实验目的

1. 掌握有机电化学合成的原理和操作。

2. 掌握反应检测的方法和操作。

3. 掌握分液、干燥、柱层析等操作。

二、实验原理

异香豆素是一类具有独特生物活性和药理活性的重要杂环化合物，广泛存在于多种天然产物中。由于其在抗菌、抗癌、抗过敏和抗 HIV 等领域具有重要应用价值，其合成引起了化学界的广泛关注。迄今为止，已建立了多种采用有机催化剂和过渡金属的方法。其中，利用易于获得的苯甲酸进行 C—H 活化，无需复杂的预功能化处理，可实现异香豆素的合成步骤经济且高效。尽管已取得显著进展，甚至在某些情况下引入了绿色工艺替代外部氧化剂，但过渡金属的依赖性及其潜在风险和高成本仍限制了其进一步发展［图 5-1（a）］。因此，迫切需要一种无需金属和外部氧化剂的可持续方法，从苯甲酸中获得异香豆素（图 5-1）。

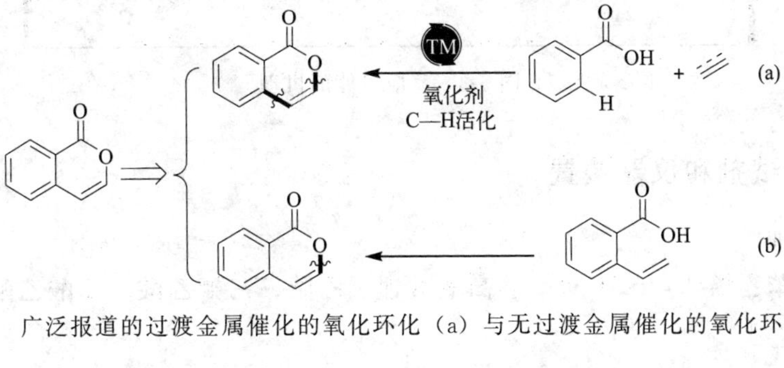

图 5-1　广泛报道的过渡金属催化的氧化环化（a）与无过渡金属催化的氧化环化（b）

有机电化学合成是集电化学、化学工程、有机化学等多学科为一体的交叉学科，符合新质生产力的要求，具有绿色清洁、节能高效、条件温和、调控灵活的优点，近年来逐渐成为有机合成领域的热点。

设想可以通过电化学途径对2-乙烯基苯甲酸进行内酯化，以制备异香豆素（图5-2）。

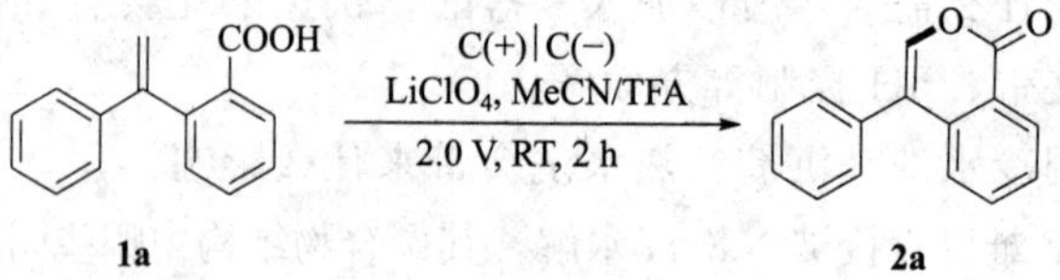

图 5-2 实验设计

反应可能的机制如下：羧酸 **1a** 通过阳极上的单电子转移（SET）过程被氧化形成不稳定的自由基阳离子 **A**。在阴极处通过还原 TFA 生成的共轭碱的辅助下，**A** 会发生亲核环化反应生成苯甲基自由基 **B**，同时 TFA 被回收作为催化剂。通过 **B** 的氧化反应可得到苯甲基阳离子 **C**。最后，通过邻位氢消除反应完成转化，最终得到异香豆素 **2a**（图5-3）。

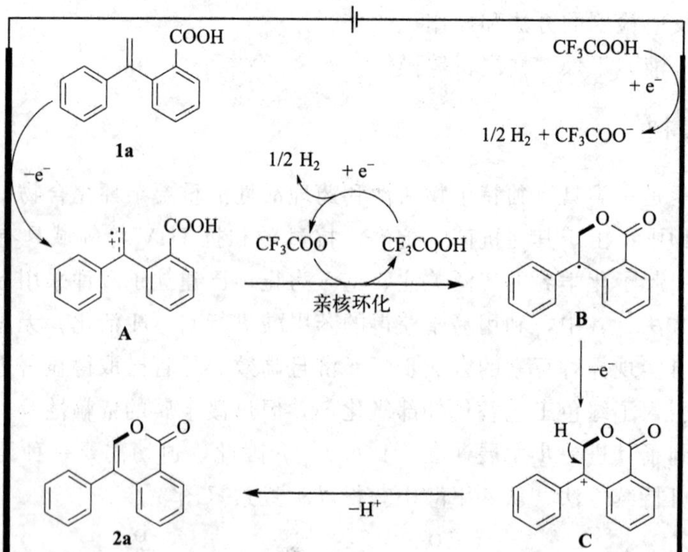

图 5-3 反应可能的机理

三、实验试剂和仪器装置

1. 试剂

2-(1-苯乙烯基）苯甲酸[1]、高氯酸锂、乙腈、三氟乙酸、乙酸乙酯、饱和碳酸钾溶液、饱和氯化钠溶液、无水硫酸钠等。

2. 仪器装置

直流电流、圆底烧瓶[4]、三口管、锥形瓶、分液漏斗、滴管、量筒等（图 5-4）。

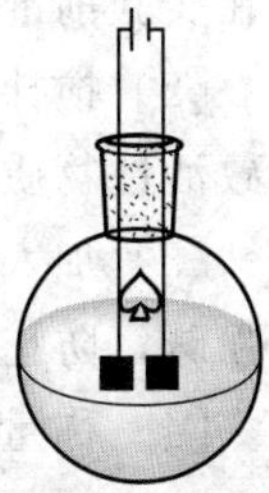

图 5-4 电化学装置图

四、实验步骤

1. 加料

在未分隔的反应池中，使用配备有磁搅拌棒的石墨电极，依次加入羧酸（0.2mmol，1.0equiv）、$LiClO_4$（0.6mmol，3.0equiv）以及乙腈/三氟乙酸（5.5mL/0.5mL，6mL）。充分搅拌 10 分钟后，在室温下以恒定电压 2.0V 启动电解[2]。通过薄层色谱（TLC）监测反应进程以确定反应终点（大约 2h）[5]。混合物用乙酸乙酯（20mL）稀释，用饱和碳酸钾溶液（20mL）和盐水（20mL）洗涤[3]。有机相用无水硫酸钠干燥后，在真空下浓缩得到粗产物，残留物经柱层析纯化后得到目标化合物。

2. 产品表征

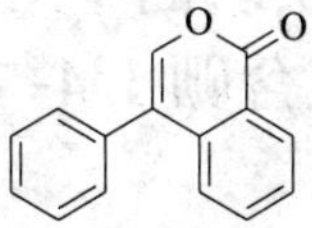

4-苯基异色烯酮 (2h)

无色油状液体，产量 24.4mg，产率为 55%。核磁信息如下：^{1}H NMR（500MHz，$CDCl_3$）δ 8.40（dd，J = 8.0，1.4Hz，1H），7.72 - 7.68（m，1H），7.58 - 7.54（m，1H），7.52 - 7.45（m，3H），7.42 - 7.39（m，3H），7.26（s，1H）. ^{13}C NMR（126MHz，$CDCl_3$）δ 162.2，142.4，136.9，134.8，133.2，130.2，130.0，129.0，128.7，128.6，124.8，121.5，120.8.

五、实验流程

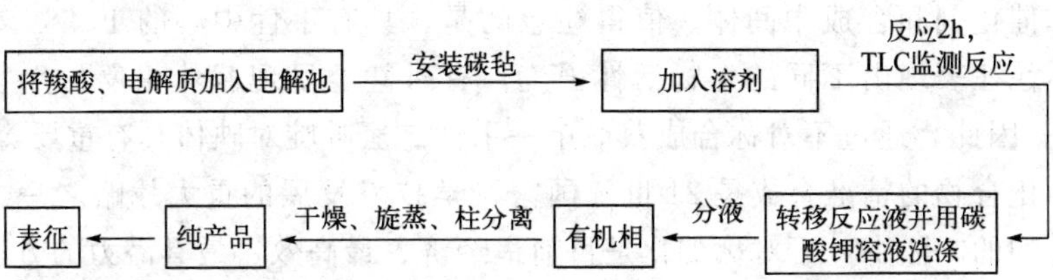

六、注释

[1] 2-(1-苯乙烯基）苯甲酸由 2-苯甲酰基苯甲酸经 Wittig 反应制备，由实验

员在实验前准备。

[2] 搅拌不可过快，也不可过慢。过快容易导致碳毡脱落或者碎裂，过慢容易导致活性物质不能有效生成或者参与后续反应。

[3] 加入饱和碳酸钾溶液的目的是中和体系未反应完的酸。应避免用氢氧化钠等强碱，防止酯键被破坏。

[4] 称量瓶不可太重，可选择 25mL 或者 10mL 圆底烧瓶，避免相对误差过大。

[5] 反应时间不可过长，否则产物容易变质。注意用 TLC 检测反应进程。

七、思考题

1. 反应中的电流会如何变化？为什么？

2. 实验的主要副反应有哪些？

3. 一般来说，酯化反应需要在较高温度下进行。试分析一下该酯化反应为何能在室温进行。

实验四十二 不对称催化合成含硼 1,4-二氢吡啶衍生物

一、实验目的

1. 掌握无水无氧的基本操作。

2. 掌握手性化合物旋光度（α）和对映体过量百分数（ee%）的测定方法。

3. 了解不对称催化的基本原理。

二、实验原理

二氢吡啶类化合物，尤其是 1,4-二氢吡啶骨架，是治疗药物中的关键结构单元。作为临床最常用的降压药及其他疾病治疗药物，该类化合物在有机合成领域还广泛用作催化剂和合成中间体。值得注意的是，具有手性中心的 1,4-二氢吡啶对映异构体往往表现出不同的生物活性强度，有时甚至呈现截然相反的生物学特征（图 5-5）。因此，通过不对称合成获取单一手性二氢吡啶对映体具有重要意义。

手性化合物的精准合成是 21 世纪国家科学技术发展的重大战略之一。在合成手性化合物的方法中，不对称催化是目前最经济、最高效、最具潜力的方法，已在手性药物、手性农药等的合成中广泛应用。21 世纪以来，不对称催化合成已分别于 2001 年和 2021 年两次获得了诺贝尔奖。

本实验基于过渡金属催化不对称合成的基本原理，以苯乙烯、吡啶盐、双联频哪醇硼酸酯（B_2pin_2）为原料，在三氟甲磺酸铜[$Cu(OTf)_2$]/(*R*,*R*)-Ph-BPE 催化

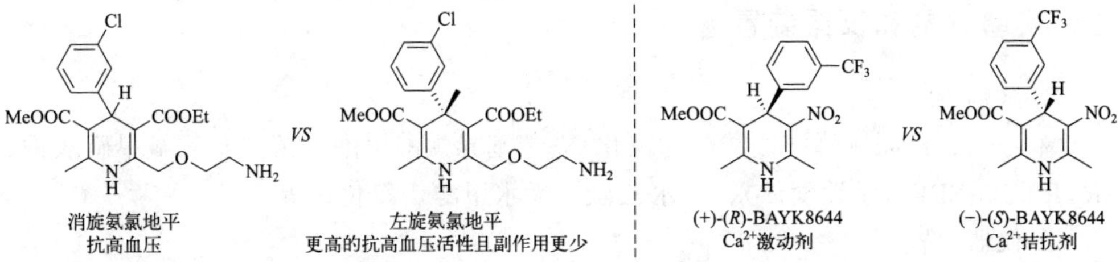

图 5-5　一些具有生物活性的 1,4-二氢吡啶衍生物

下，室温下发生三组分串联反应生成手性的硼烷基取代的 1,4-二氢吡啶衍生物。

反应式如下：

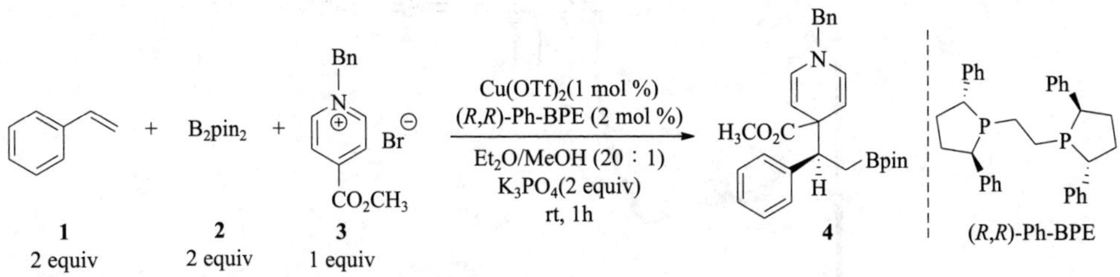

该反应的反应机理如下：

在反应过程中，$Cu(OTf)_2$、手性配体、B_2pin_2（**2**）、K_3PO_4 反应生成手性硼-铜中间体 **A**，该中间体可以与苯乙烯（**1**）反应生成手性硼烷基铜中间体 **B**，中间体 **B** 对吡啶盐（**3**）进行亲核加成反应生成手性的硼烷基取代的 1,4-二氢吡啶化合物（**4**），并生成手性铜中间体 **C**，该中间体与反应体系中的 B_2pin_2、K_3PO_4 反应重新生成中间体 **A**，并继续进行下一个催化循环。

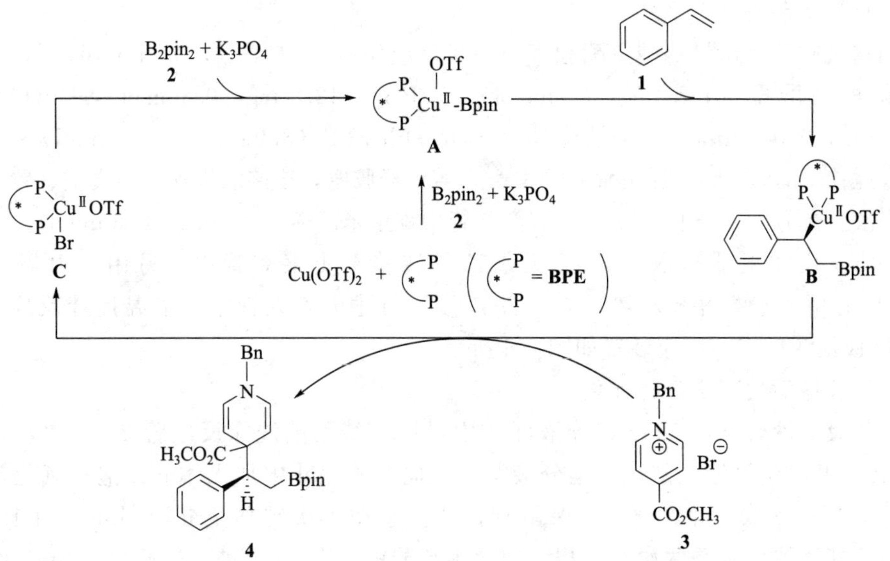

三、实验试剂和仪器装置

1. 试剂

苯乙烯、双联频哪醇硼酸酯、溴化 *N*-苄基异烟酸甲酯、苄溴、三氟甲磺酸铜、(*R*,*R*)-Ph-BPE（手性配体）、无水乙醚、无水甲醇、氯化铵等。

2. 仪器装置

铁架台、史莱克反应瓶、双排管、真空泵、磁力搅拌器、分液漏斗锥形瓶、旋光仪、液相色谱（配手性柱）等（图 5-6）。

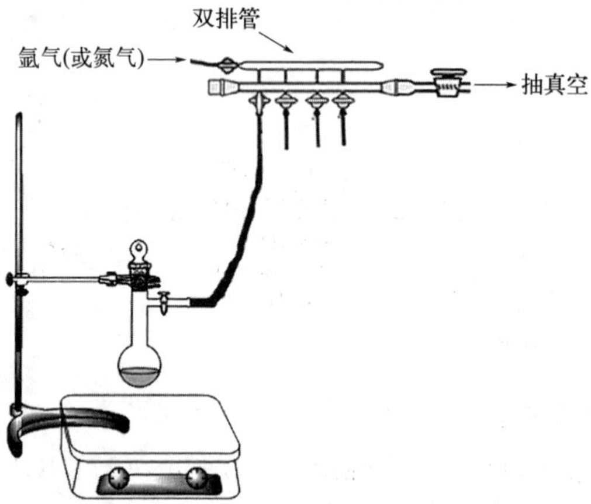

图 5-6　反应的实验装置

四、实验步骤

1. 反应制备

将吡啶盐（由异烟酸甲酯和苄溴一步反应制备，92.4mg，0.3mmol）[1]，双联频哪醇硼酸酯（152.4mg，0.6mmol），K_3PO_4（127.4mg，0.6mmol），$Cu(OTf)_2$（1.1mg，0.003mmol），手性配体（*R*,*R*)-Ph-**BPE**（3.0mg，0.006mmol），加入带有搅拌子的 50mL 干燥史莱克管中[2]，盖好橡胶塞，连接双排管，抽真空、置换氮气三次。在另外一个干燥的 2.5mL 离心管中称量苯乙烯（62.5mg，0.6mmol）。氩气保护下，用注射器吸取 8.5mL 无水乙醚转移至史莱克管中，另用注射器吸取 0.42mL 甲醇来溶解苯乙烯[3]，一并转移至前述史莱克管中，室温搅拌反应 1h。TLC 板检测反应。反应装置如图 5-6 所示。

2. 反应后处理及产物纯化

将反应液转移至 125mL 分液漏斗中，用乙酸乙酯洗涤反应管 2～3 次，每次 15mL，并将洗涤液全部转移至分液漏斗。向分液漏斗中加入 40mL 饱和氯化铵溶液[4]，振荡萃取，静置分液，保留有机相。水相再次转移至分液漏斗，用 15mL 乙酸乙酯萃取，合并两次有机相，用无水硫酸钠干燥 20 分钟，过滤至 100mL 圆底烧瓶，旋转蒸发浓缩得油状物。将该油状物用少量石油醚溶解，上硅胶柱分离（$V_{石油醚}:V_{乙酸乙酯}=15:1$），收集目标组分，减压浓缩（空瓶称重），真空干燥，得到化合物为无色油状物，称重，计算收率。

3. 产品表征

（1）将上述产品进行 H NMR 表征，数据如下：^{1}H NMR（500MHz，Chloroform-d）δ 7.27 - 7.16（m，3H），7.12（dd，J=7.9，6.4Hz，2H），7.09 - 7.03（m，3H），7.00（d，J=7.4Hz，2H），5.96 - 5.93（m，J=7.6，2H），4.60（dd，J=8.3，2.9Hz，1H），4.45（dd，J=8.4，2.9Hz，1H），4.13（s，2H），3.47（s，3H），3.10（dd，J=12.1，5.3Hz，1H），1.26 - 1.16（m，2H），0.91（s，6H），0.83（s，6H）.

（2）对映体过量百分数通过配有手性柱的液相色谱测定。色谱条件为：（DAICEL CHIRALPAK AD-H，isopropanol/hexane = 10/90，1.0mL/min，detector 254nm），t_R(major)=14.3min，t_R(minor)=7.5min。

在测定前，需要首先制备产物的消旋体[5]，以确定两个对映异构体的保留时间，通过和手性产物的保留时间以及产物的两个异构体峰面积的相对大小可以确定其对映选择性为 98.3% ee。

（3）旋光度的测定。将 50.7mg 产物溶解于 10mL 二氯甲烷配成溶液，用于比旋光度的测定，结果如下：$[\alpha]_D^{25}=+71.006°$（c=0.507，CH_2Cl_2）[6]。

五、实验流程

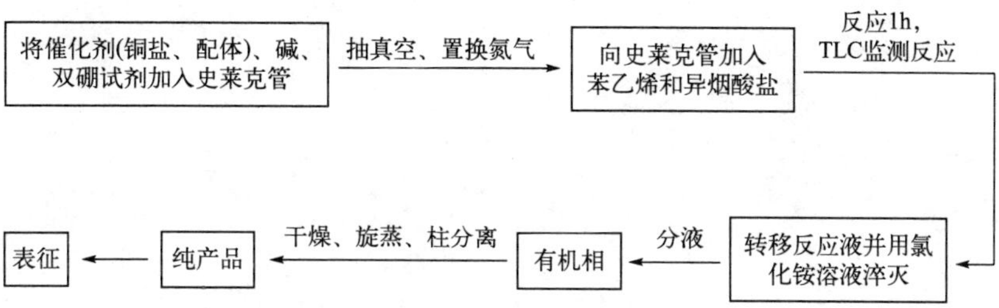

六、注释

[1] 异烟酸盐由异烟酸甲酯和苄氯制备，由实验员在实验前准备。

[2] 史莱克管在使用前应在烘箱干燥。

[3] 用甲醇溶解离心管中的苯乙烯前，可先用氮气流吹一下离心管，加入甲醇后迅速转移至史莱克管，避免长时间接触空气。

[4] 加入饱和氯化铵溶液的目的是淬灭反应，其可以中和体系中的碱。应避免用盐酸、硫酸等强酸，防止硼取代基被破坏。

[5] 产物的消旋体是将手性配体替换为消旋配体制备的，除了消旋 Ph-BPE，

也可以使用消旋 BINAP，Josiphos 等配体。

［6］样品浓度 c 的单位是 g/mL。

七、思考题

1. 产物中有几个手性中心？它有几个光学异构体？这些异构体在硅胶柱上能分开吗？

2. 产物的光学异构体在手性柱上能分开吗？为什么？

3. 对映体过量百分数（ee%）是如何确定的？

4. 如果将手性配体（R,R)-Ph-BPE 替换为（S,S)-Ph-BPE，产物的旋光方向如何？

附　录

一、有机化学中常见的英文缩写

缩写[①]	英文	中文	缩写[①]	英文	中文
aa	acetic acid	乙酸	Infus	infusible	不熔的
abs	absolute	绝对的	Lig	ligroin	石油英
ac	acid	酸	Liq	liquid	液体，液态的
Ac	acetyl	乙酰基	M	melting	熔化
ace	acetone	丙酮	*m*-	meta	间(位)
al	alcohol	醇(乙醇)	Me	methyl	甲基
alk	alkali	碱	Met	metallic	金属的
Am	amyl(pentyl)	戊基	Min	mineral	矿石，无机的
anh	anhydrous	无水的	*n*-	normal chain	正、直链
aqu	aqueous	水溶液	*n*	refractive index	折射率
atm	atmosphere	大气压	*o*-	ortho	邻(位)
b	boiling	沸腾	org	organic	有机的
Bu	butyl	丁基	os	organic solvents	有机溶剂
Bz	benzene	苯	*p*-	para	对(位)
chl	chloroform	氯仿	peth	petrolenm ether	石油醚
comp	compound	化合物	Ph	phenyl	苯基
con	concentrated	浓的	Pr	propyl	丙基
cr	crstals	结晶	py	pyridine	吡啶
ctc	carbon tetrachloride	四氯化碳	rac	racemic	外消旋的
cy	cyclohexane	环已烷	s	soluble	可溶解的
d	decomposes	分解	sl	slightly	轻微的
dil	diluted	稀释，稀的	so	solid	固体
diox	dioxane	二氧六环	sol	solution	溶液，溶解
DMF	dimetlylformamide	二甲基甲酰胺	solv	solvent	溶液，溶解
DMSO	dimethyl sulfone	二甲亚砜	sub	sublimes	溶液，溶解升华
Et	ethyl	乙基	sulf	sulfuric acid	硫酸
eth	ethey	醚，乙醚	sym	symmetrical	对称的
exp	explodes	爆炸	*t*-	tertiary	第三的，叔
EtAc	ethyl acetate	乙酸乙酯	temp	temperature	温度
flu	fluorescent	荧光的	tet	tetrahedron	四面体
h	hot	热	THF	tetrahydrofuran	四氢呋喃
h	hour	小时	tol	toluene	甲苯

续表

缩写[①]	英文	中文	缩写[①]	英文	中文
hp	heptane	庚烷	v	very	非常
hx	hexane	己烷	vac	vacuum	真空
hyd	hydrate	水合的	w	water	水
i	insoluble	不溶的	wh	white	白(色)的
i-	iso	异	wr	warm	温热的
in	inactive	不活泼的	xyl	xylene	二甲苯
inflam	inflammable	易燃的			

① 表中英文缩写均为CRC手册中常用的英文缩写。

二、易燃、易爆、有毒化学药品使用须知

化学工作者每天都要接触各种化学药品，很多药品是剧毒、可燃和易爆炸的。我们必须正确使用和保管，严格遵守操作规程，才可以避免事故发生。

根据常用的一些化学药品的危险性质，可以将化学药品大致分为易燃、易爆和有毒三类，现分述如下：

1. 易燃化学药品

易燃化学药品分类如表1所示。

表1　易燃化学药品分类

分类	举例
可燃气体	氨,乙胺,氯乙烷,乙烯,氢气,硫化氢,甲烷,氯甲烷,二氧化硫等
易燃液体	汽油,乙醚,乙醛,二硫化碳,石油醚,丙酮,苯,甲苯,二甲苯,苯胺,乙酸乙酯,甲醇,乙醇,氯甲醛等
易燃固体	红磷,三硫化二磷,钠,钾,萘,镁,铝粉等
自燃物质	黄磷等

实验室保存和使用易燃药品，应注意以下几点：

(1) 实验室内不要保存大量易燃溶剂，少量的易燃溶剂也需密闭，切不可将其放在开口容器内，需放在阴凉背光和通风处并远离火源，不能接近电源及暖气等。腐蚀橡胶的药品不能用橡皮塞。

(2) 可燃性溶剂均不能直接用火加热，必须用水浴、油浴或可调节电压的加热装置。蒸馏乙醚或二硫化碳时，要用预先加热的或通水蒸气加热的热水浴，并远离火源。

(3) 蒸馏、回流易燃液体时，防止暴沸及局部过热，瓶内液体应占瓶体积的1/2～2/3，加热中途不得加入沸石或活性炭，以免暴沸液体冲出着火。

(4) 注意冷凝管水流是否流畅，干燥管是否阻塞不通，仪器连接处塞子是否紧密，以免蒸气逸出着火。

(5) 易燃蒸气大都比空气重（如乙醚较空气重2.6倍），能在工作台面流动，故即使在较远处的火焰也可能使其着火。尤其处理较大量的乙醚时，必须在没有火源且通风良好的实验室中进行。

(6) 用过的溶剂不得倒入下水道中，必须设法回收。含有机溶剂的滤渣不能丢入敞口的废物缸内，燃着的火柴头切不能丢入废物缸内。

(7) 金属钠、钾遇火易燃，故须保存在煤油或液体石蜡中，不能露置空气中。如遇着火，可用石棉布扑灭；不能用四氯化碳灭火器，因其与钠或钾易起爆炸反应；二氧化碳泡沫灭火器能加强钠或钾的火势，亦不能使用。

(8) 某些易燃物质，如黄磷，在空气中能自燃，必须保存在盛水玻璃瓶中，再放在金属桶中，绝不能直接放在金属桶中，以免腐蚀。自水中取出后，立即使用，不得露置在空气中过久。用过后必须采取适当方法销毁残余部分，并仔细检查有无散失在桌面或地面上。

2. 易爆化学药品

当气体混合物发生反应时，其反应速率随成分而变，当达到一定的反应速率时，会引起爆炸，如氢气与空气或氧气混合达一定比例，遇到火焰就会发生爆炸。乙炔与空气亦可生成爆炸混合物。汽油、二硫化碳、乙醚的蒸气与空气相混，亦可因小火花或电火花导致爆炸。乙醚蒸气能与空气或氧混合，形成爆炸混合物，同时由于光或氧的影响，乙醚可被氧化成过氧化物，其沸点较乙醚高。在蒸馏乙醚时，当浓度较高时，则发生爆炸，故使用乙醚时均需先检测其中是否已有过氧化物（检验与除去过氧化物的方法见附录中的“四、常用有机溶剂的纯化”中无水乙醚部分）。此外，如二氧六环、四氢呋喃及某些不饱和碳氢化合物（如丁二烯），亦可因产生过氧化物而引起爆炸。

某些以较高速率进行的放热反应，因生成大量气体也会引起爆炸并伴随着发生燃烧，一般来说，易爆物质的化学结构中，大多是含有以下基团的，见表2。

表2　易爆物中常见的基团

易爆物中常见的基团	易爆物举例
—O—O—	臭氧，过氧化物
$—O—ClO_2$	氯酸盐，高氯酸盐
═N—Cl	氮的氯化物
—N═O	亚硝基化合物
—N≡N—	重氮及氮化合物
—ON═C	雷酸盐
$—NO_2$	硝基化合物（三硝基甲苯，苦味酸盐）
—C≡C—	乙炔化合物（乙炔金属盐）

(1) 能自行爆炸的化学药品　如高氯酸铵、硝酸铵、浓高氯酸、雷酸汞、三硝基甲苯等。

(2) 能混合发生爆炸的化学药品

① 高氯酸+酒精或其他有机物

② 高锰酸钾+甘油或其他有机物

③ 高锰酸钾+硫酸或硫

④ 硝酸+镁或碘化氢

⑤ 硝酸铵+酯类或其他有机物

⑥ 硝酸铵+锌粉+水滴

⑦ 硝酸盐+氯化亚锡

⑧ 过氧化物+铝+水

⑨ 硫+氧化汞

⑩ 金属钠或钾+水

氧化物与有机物接触，极易引起爆炸。在使用浓硝酸、高氯酸、过氧化氢等药品时，应特别注意。使用可能发生爆炸的化学药品时，必须作好个人防护，戴面罩或防护眼镜，并在通风橱中进行操作。要设法减少药品用量或浓度，进行小量试验。平时危险药品要妥善保存，如苦味酸需保存在水中，某些过氧化物（如过氧化苯甲酰）必须加水保存。易爆炸物残渣必须妥善处理，不得随意乱丢。

3. 有毒化学药品

日常我们所接触的化学药品中，少数是剧毒药品，使用时必须十分谨慎。很多药品经长期接触，或接触量过大，会导致急性或慢性中毒。但只要掌握使用有毒药品的规则和防范措施，即可避免中毒或把中毒的概率减小到最低。以下对有毒药品进行分类介绍，以提醒实验人员加强防护措施，避免药品对人体的伤害。

(1) 有毒气体　如溴、氯、氟、氢氰酸、氟化氢、溴化氢、氯化氢、二氧化硫、硫化氢、光气、氨、一氧化碳等均为窒息性或刺激性气体。在使用以上气体进行实验时，应在通风良好的通风橱中进行。反应中有气体发生时，应安装气体吸收装置（如反应产生氯化氢、溴化氢等）。遇气体中毒时，应立即将中毒者移至空气流通处，静卧、保暖，施人工呼吸或给氧，及时请医生治疗。

(2) 强酸和强碱　硝酸、硫酸、盐酸、氢氧化钠、氢氧化钾均刺激皮肤，有腐蚀作用，可造成化学烧伤。吸入强酸烟雾，会刺激呼吸道。稀释硫酸时，应将硫酸慢慢倒入水中，并随同搅拌，不要在不耐热的厚玻璃器皿中进行。贮存碱的瓶子不能用玻璃塞，以免碱腐蚀玻璃，使瓶塞打不开。取碱时必须戴防护眼镜及手套。配制碱液时，应在烧杯中进行，不能在小口瓶或量筒中进行，以防容器受热破裂造成事故。开启氨水瓶时，必须事先冷却，瓶口朝无人处，最好在通风橱内进行。

如遇皮肤或眼睛受伤，应迅速冲洗。如是被酸损伤，立即用3%碳酸氢钠溶液冲洗；如是被碱损伤，立即用1%～2%醋酸冲洗；眼睛则用饱和硼酸溶液冲洗。

氰化物要有严格的领用保管制度，取用时必须戴厚口罩、防护眼镜及手套，手上有伤口时不得进行该项实验。使用过的仪器、桌面均应实验人员亲自收拾，用水冲净，实验人员的手及脸亦应仔细洗净。氰化物的销毁方法是使其与亚铁盐在碱性介质中作用生成亚铁氰酸盐。

(3) 有机药品

① 有机溶剂　有机溶剂均为脂溶性液体，对皮肤黏膜有刺激作用。如苯，不但刺激皮肤，易引起顽固湿疹，对造血系统及中枢神经系统均有严重损害。甲醇对视神经特别有害。大多数有机溶剂蒸气易燃。在条件许可情况下，最好用毒性较低的石油醚、醚、丙酮、二甲苯代替二硫化碳、苯和卤代烷类。使用有机溶剂时注意防火，室内空气流通，一般用苯提取，应在通风橱内进行。决不能用有机溶剂洗手。

② 硫酸二甲酯　吸入及皮肤吸收均可中毒，且有潜伏期，中毒后呼吸道感到灼痛，滴在皮肤上能引起坏死、溃疡，恢复慢。

③ 苯胺及苯胺衍生物　吸入或经皮肤吸收均可致中毒。慢性中毒引起贫血，影响持久。

④ 芳香硝基化合物　化合物中硝基愈多毒性愈大，在硝基化合物中增加氯原子，亦将增加毒性。这类化合物的特点是能迅速被皮肤吸收，中毒后引起顽固性贫血及黄疸病，刺激皮肤引起湿疹。

⑤ 苯酚　能够灼伤皮肤，引起皮肤坏死或皮炎，皮肤被沾染应立即用温水及稀酒精清洗。

⑥ 生物碱　大多数具有强烈毒性，皮肤亦可吸收，少量即可导致中毒，甚至死亡。

⑦ 致癌物　很多的烷基化试剂长期摄入体内有致癌作用，应予以注意，其中包括硫酸二甲酯、对甲苯磺酸甲酯、*N*-甲基-*N*-亚硝基脲、亚硝基二甲胺、偶氮乙烷以及一些丙烯酯类等。一些芳香胺类，由于在肝脏中经代谢生成*N*-羟基化合物而具有致癌作用，其中包括2-乙酰氨基芴、4-乙酰氨基联苯、2-乙酰氨基苯酚、2-萘胺、4-二甲氨基偶氮苯等。部分稠环芳香烃化合物，如3,4-苯并蒽、1,2,5,6-二苯并蒽和9-甲基-1,2-苯并蒽、10-甲基-1,2-苯并蒽等，都是致癌物，而9,10-二甲基-1,2-苯并蒽则属于强致癌物。

三、常用酸碱溶液和特殊试剂的配制

1. 酸溶液的配制

名称	相对密度	浓度/(mol/L)	质量百分浓度/%	配制方法
冰醋酸	1.05	11	99.5	
稀醋酸		2	12.10	取冰醋酸116mL稀释至1000mL
浓盐酸	1.19	12	37.23	
稀盐酸		2	7.15	取浓盐酸165mL稀释至1000mL
浓硝酸	1.42	16	69.80	
稀硝酸		6	32.36	取浓硝酸375mL稀释至1000mL
浓硫酸	1.84	18	95.6	
稀硫酸		3	24.8	取浓硫酸167mL稀释至1000mL

注：配制稀硫酸时，应将浓硫酸慢慢倒入水中，切勿将水加入浓硫酸中。

2. 碱溶液的配制

名称	相对密度	浓度/(mol/L)	质量百分浓度/%	配制方法
浓氢氧化钠	1.430	14	40	称取固体氢氧化钠572g用适量水溶解后，用水稀释至1000mL
稀氢氧化钠	1.08	2.0	7.1	称取固体氢氧化钠80g用适量水溶解后，再用水稀释至1000mL
浓氨水	0.90	15	28	
稀氨水	0.98	2	3.5	量取浓氨水133mL稀释至1000mL

3. 一些特殊试剂的配制

(1) 饱和溴水溶液　将15g溴化钾溶解于100mL水中，加入10g溴，摇匀。

(2) 卢卡斯（Lucas）试剂　称取34g无水氯化锌，放在蒸发皿中强热熔融，稍冷后放入干燥器中冷却至室温。取出捣碎，加入23mL浓盐酸溶解（溶解时应不断搅拌），并将容器放在冰水浴中冷却，以防氯化氢逸出。配好的试剂存放在玻璃瓶中。此试剂一般在用前现配。

(3) 2,4-二硝基苯肼试剂

配法Ⅰ：称取2g 2,4-二硝基苯肼盐酸盐和3g乙酸钠，放在研钵中研磨成粉末即得2,4-二硝基苯肼-醋酸钠混合物。用时取适量溶于水可直接使用。

配法Ⅱ：取3g 2,4-二硝基苯肼溶于15mL浓硫酸中，所得到的溶液在搅拌下缓缓加入70mL95%乙醇和20mL水的混合液中，过滤，将滤液保存在棕色瓶中备用。

2,4-二硝基苯肼有毒，使用时切勿让它与皮肤接触，如不慎触及，应立即用5%醋酸冲洗，再用肥皂洗涤。

(4) 饱和亚硫酸氢钠溶液　在100mL 40%亚硫酸氢钠溶液中，加入25mL不含醛的无水乙醇。混合后，如有少量的亚硫酸氢钠析出，必须滤去或倾泻上层清液。此溶液不稳定，一般在实验前随配随用。

(5) 碘-碘化钾溶液　取 2g 碘和 5g 碘化钾溶于 100mL 水中。

四、常用有机溶剂的纯化

有机化学实验离不开溶剂，溶剂不仅作为反应介质，在产物的纯化和后处理中也经常被使用。市售的有机溶剂有工业纯、化学纯和分析纯等各种规格，纯度越高，价格越贵。在有机合成中，常常根据反应的特点和要求，选用适当规格的溶剂，以便使反应能够顺利地进行而又符合经济节约的原则。某些有机反应（如 Grignard 反应等），对溶剂要求较高，即使微量杂质或水分存在，也会给反应速率、产率和纯度带来一定的影响。由于有机合成中使用溶剂的量都比较大，若仅依靠购买市售纯品，不仅价格较贵，有时也不一定能满足反应的要求，因此了解有机溶剂的性质及纯化方法，是十分必要的。有机溶剂的纯化，是有机合成工作的一项基本操作，这里介绍市售的普通溶剂在实验室条件下常用的纯化方法。

1. 无水乙醚

沸点 34.51℃，折射率 1.3526，相对密度 0.71378。

普通乙醚中常含有一定量的水、乙醇及少量过氧化物等杂质，这对于要求以无水乙醚作溶剂的反应（如 Grignard 反应），不仅影响反应的进行，且易发生危险。制备无水乙醚时首先要检验有无过氧化物。为此取少量乙醚与等体积的 2%碘化钾溶液，加入几滴稀盐酸一起振摇，若能使淀粉溶液呈紫色或蓝色，即证明有过氧化物存在。在分液漏斗中加入普通乙醚和相当于乙醚体积 1/5 的新配制的硫酸亚铁溶液[1]，剧烈摇动后分去水溶液即可除去过氧化物除去过氧化物后，按照下述操作进行精制。

【操作步骤】

在 250mL 圆底烧瓶中，放置 100mL 除去过氧化物的普通乙醚和几粒沸石，装上冷凝管。冷凝管上端通过一带有侧槽的橡胶塞，插入盛有 10mL 浓硫酸的滴液漏斗。通入冷凝水，将浓硫酸慢慢滴入乙醚中[2]，由于脱水作用产生热量，乙醚会自行沸腾。加完浓硫酸后摇动反应物，待乙醚停止沸腾后，拆下冷凝管，改成蒸馏装置。在收集乙醚的接收瓶支管上连一氯化钙干燥管，并用与干燥管连接的橡胶管把乙醚蒸气导入水槽。加入沸石后，用事先准备好的水浴装置加热蒸馏。蒸馏速度不宜太快，以免乙醚蒸气冷凝不下来而逸散室内[3]。当收集到约 70mL 乙醚，且蒸馏速度显著变慢时，即可停止蒸馏。瓶内所剩残液，倒入指定的回收瓶中，切不可将水加入残液中（为什么?）。

将蒸馏收集的乙醚倒入干燥的锥形瓶中，加入 1g 钠屑或 1g 钠丝，然后用带有氯化钙干燥管的软木塞塞住，或在木塞中插入一末端拉成毛细管的玻璃管，这样可以防止潮气侵入并可使产生的气体逸出。放置24h以上，使乙醚中残留的少量水和乙醇转化为氢氧化钠和乙醇钠。如不再有气泡逸出，同时钠的表面完好，则可储存备用。如放置后，金属钠表面已全部发生作用，需重新加入少量钠丝，放置至无气泡发生。这种无水乙醚可符合一般实验的要求[4]。

【注释】

[1] 硫酸亚铁溶液的配制方法为在110mL水中加入6mL浓硫酸，然后加入60g硫酸亚铁。硫酸亚铁溶液久置后容易氧化变质，因此需在使用前临时配制。使用较纯的乙醚制取无水乙醚时，可免去硫酸亚铁溶液洗涤。

[2] 也可在100mL乙醚中加入4～5g无水氯化钙代替浓硫酸作干燥剂；并在下步操作中用五氧化二磷代替金属钠而制得合格的无水乙醚。

[3] 乙醚沸点低（34.51℃），极易挥发（20℃时蒸气压为58.9kPa），且蒸气比空气重（约为空气的2.5倍），容易聚集在桌面附近或低凹处。当空气中含有1.85%～36.5%的乙醚蒸气时，遇火即会发生燃烧爆炸。故在使用和蒸馏过程中，一定要谨慎小心，远离火源。尽量不让乙醚蒸气散发到空气中，以免造成意外。

[4] 如需要更纯的乙醚时，则在除去过氧化物后，应再用0.5%高锰酸钾溶液与乙醚共振摇，使其中含有的醛类氧化成酸，然后依次用5%氢氧化钠溶液、水洗涤。经干燥，蒸馏，再加入钠丝。

2. 绝对乙醇

沸点78.5℃，折射率1.3611，相对密度0.7893。

市售的无水乙醇一般只能达到99.5%的纯度，在许多反应中需用纯度更高的绝对乙醇，经常需自己制备。通常工业用的95.5%的乙醇不能直接用蒸馏法制取无水乙醇，因95.5%乙醇和4.5%的水可形成恒沸点混合物。要将水除去，第一步是加入氧化钙（生石灰）煮沸回流，使乙醇中的水与生石灰作用生成氢氧化钙，然后再将无水乙醇蒸出。这样得到的无水乙醇，纯度最高约99.95%。纯度更高的无水乙醇可用金属镁或金属钠进行处理。反应式如下：

$$2C_2H_5OH + Mg \longrightarrow (C_2H_5O)_2Mg + H_2\uparrow$$

$$(C_2H_5O)_2Mg + 2H_2O \longrightarrow 2C_2H_5OH + Mg(OH)_2$$

$$C_2H_5OH + Na \longrightarrow C_2H_5ONa + H_2\uparrow$$

【操作步骤】

(1) 无水乙醇（含量99.5%）的制备　在500mL圆底烧瓶中，放置200mL 95%乙醇和50g生石灰，用木塞塞紧瓶口，放置至下次实验[1]。

下次实验时，拔去木塞，装上回流冷凝管，其上端接一氯化钙干燥管[2]，在水浴上回流加热2～3h，稍冷后取下回流冷凝管，改成蒸馏装置。蒸去前馏分后，用干燥的吸滤瓶或蒸馏瓶作接收器，其支管接一氯化钙干燥管，使之与大气相通。水浴加热，蒸馏至几乎无液滴流出为止。称量无水乙醇的质量或量其体积，计算回收率。

(2) 绝对乙醇（含量99.95%）的制备

① 用金属镁制取　在250mL的圆底烧瓶中，放置0.6g干燥纯净的镁条、10mL 99.5%乙醇，装上回流冷凝管，并在冷凝管上端附加一支无水氯化钙干燥管，在沸水浴上或用火直接加热使至微沸[3]。移去热源，立刻加入几粒碘片（此时注意不要振荡），顷刻即在碘粒附近发生作用，最后可以达到相当剧烈的程度。有时作用太慢则需加热，如果在加碘之后，作用仍不明显，则可再加入数粒碘（一般来说，乙醇与镁的作用是缓慢的，如所用乙醇含水量超过0.5%则作用尤其困难）。待全部镁已经作用完毕，加入100mL 99.5%乙醇和几粒沸石，回流1h。蒸馏，产物收存于玻璃瓶中，用一橡胶塞或磨口塞塞住。

② 用金属钠制取　装置同①，在250mL圆底烧瓶中，放置2g金属钠和100mL纯度至少为99%的乙醇，加入几粒沸石。加热回流30min后，加入4g邻苯二甲酸二乙酯，再回流10min。取下冷凝管，改成蒸馏装置，按收集无水乙醇的要求进行蒸馏。产品储于带有磨口塞或橡胶塞的容器中。

【注释】

[1] 本实验中所用仪器均需彻底干燥。由于无水乙醇具有很强的吸水性，故操作过程中和存放时必须防止水分进入。

[2] 一般用干燥剂干燥有机溶剂时，在蒸馏前必须先过滤除去。但氧化钙与乙醇中的水反应生成的氢氧化钙，因在加热时不分解，故可留在瓶中一起蒸馏。

[3] 若不放置，可适当延长回流时间。

3. 无水甲醇

沸点64.96℃，折射率1.3288，相对密度0.7914。

市售的甲醇是合成的，含水量不超过0.5%～1%。由于甲醇和水不能形成共沸混合物，为此可借助于高效的精馏柱将少量水除去。精制甲醇含有0.02%的丙酮和0.1%的水，一般已可应用。如要制得无水甲醇，可用镁处理（见“绝对乙醇”）。若要求其含水量低于0.1%，亦可用3A或4A型分子筛干燥。甲醇有毒，处理时应避免吸入其蒸气。

4. 甲苯

沸点110.2℃，折射率1.49693，相对密度0.8660。

普通甲苯含少量的水，由煤焦油加工得来的甲苯还可能含有少量噻吩，可采用下述方法精制：用无水氯化钙将甲苯进行干燥，过滤后加入少量金属钠片，再进行蒸馏，即得无水甲苯。除去甲基噻吩的方法是将1000mL甲苯加入100mL浓硫酸，摇荡约30min（温度不要超过30℃），除去酸层。然后再分别用水、10%碳酸钠溶液和水洗涤，以无水氯化钙干燥过夜，过滤后进行蒸馏，收集纯品。

5. 丙酮

沸点56.2℃，折射率1.3588，相对密度0.7899。

普通丙酮中往往含有少量水及甲醇、乙醛等还原性杂质，可用下列方法精制。

(1) 于100mL丙酮中加入0.5g高锰酸钾回流，以除去还原性杂质，若高锰酸钾紫色很快消失，需要补加少量高锰酸钾继续回流，直至紫色不再消失为止。蒸出丙酮，用无水碳酸钾或无水硫酸钙干燥，过滤，蒸馏收集55～56.5℃的馏分。

(2) 于100mL丙酮中加入4mL 10%硝酸银溶液及35mL 0.1mol/L氢氧化钠溶液，振荡10min，除去还原性杂质。过滤，滤液用无水硫酸钙干燥后，蒸馏收集55～56.5℃的馏分。

6. 乙酸乙酯

沸点77.06℃，折射率1.3723，相对密度0.9003。

市售的乙酸乙酯中含少量水、乙醇和乙酸，可用下述方法精制。

(1) 于100mL乙酸乙酯中加入10mL醋酸酐，1滴浓硫酸，加热回流4h，除去乙醇及水等杂质，然后进行分馏。馏液用2～3g无水碳酸钾振荡干燥后蒸馏，最后产物的沸点为77℃，纯度达99.7%。

(2) 将乙酸乙酯先用等体积5%碳酸钠溶液洗涤，再用饱和氯化钙溶液洗涤，然后用无水碳酸钾干燥后蒸馏。

7. 氯仿

沸点61.7℃，折射率1.4459，相对密度1.4832。

普通的氯仿含有1%的乙醇，这是为了防止氯仿分解为有毒的光气，乙醇是作为稳定剂加进去的。为了除去乙醇，可以将氯仿用一半体积的水振荡数次，然后分出下层氯仿，用无水氯化钙干燥数小时后蒸馏。

另一种精制方法是将氯仿与少量浓硫酸一起振荡两三次。每100mL氯仿，用浓硫酸5mL。分去酸层以后的氯仿用水洗涤、干燥，然后蒸馏。除去乙醇的无水氯仿应保存于棕色瓶子里，并且不要见光，以免分解。

8. 石油醚

石油醚为轻质石油产品，是低相对分子质量烃类（主要是戊烷和己烷）的混合物。其沸程为30～150℃，收集的温度区间一般在30℃左右，如有30～60℃、60～90℃、90～120℃等沸程规格的石油醚。石油醚中含有少量不饱和烃，沸点与烷烃相近，用蒸馏法无法分离，必要时可用浓硫酸和高锰酸钾将其除去。通常将石油醚用等体积10%的浓硫酸洗涤两三次，再用10%的硫酸加入高锰酸钾配成的饱和溶液洗涤，直至水层中的紫色不再消失为止。然后再用水洗，经无水氯化钙干燥后蒸馏。如要绝对干燥的石油醚则加入钠丝（见“无水乙醚”）。

9. 四氢呋喃

沸点67℃（64.5℃），折射率1.4050，相对密度0.8892。

四氢呋喃是具乙醚气味的无色透明液体，市售的四氢呋喃常含有少量水分及过氧化物。如要制得无水四氢呋喃，可用其与氢化锂铝在隔绝潮气下回流（通常1000mL约需2～4g氢化铝锂）除去其中的水和过氧化物，然后在常压下蒸馏，收集 66℃的馏分。精制后的液体应在氮气氛中保存，如需较久放置，应加 0.025% 2,6-二叔丁基-4-甲基苯酚作抗氧剂。处理四氢呋喃时，应先用小量进行试验，以确定只有少量水和过氧化物，作用不致过于猛烈时，方可进行提纯。

四氢呋喃中的过氧化物可用酸化的碘化钾溶液来除去。如过氧化物较多，可用硫酸亚铁溶液除去（详见“无水乙醚”）。

五、化学试剂的存储、使用及废弃处理

1. 常用易爆易燃物品的性能及储藏条件

（1）易爆药品

苦味酸（又称三硝基酚）　黄色针状结晶，无臭，味极苦，强热或剧烈撞击能发生剧烈爆炸，燃烧猛烈，固体有毒，浓溶液能刺激皮肤、导致发炎起泡，爆炸能产生极大灾害。

储藏：必须盛于非金属容器内，并加水浸没，储藏于阴凉通风处，与有机物、易燃品、氧化剂隔离。

（2）氧化剂

① 高锰酸钾　黑紫色细长单针柱状结晶，加热能放出氧气，与乙醚、酒精、易燃气体、硫酸、硫、磷、氧化剂接触、撞击或加热能发生爆炸，与甘油混合能自燃。

储藏：必须与有机物、易燃物、酸类，尤其是硫酸、氯酸盐、硝酸盐隔离储藏。

② 重铬酸钾（又称红矾钾）　透明、光亮、黄色结晶，遇酸或高热能放出氧气，使有机物发热、燃烧，微毒，勿与伤口接触以防止皮肤吸入，粉末能刺激呼吸器官，使鼻腔发炎。

（3）腐蚀性药品

① 过氧化氢　无色无臭浓厚液体，比水重，能与水以任意比混合，长时间暴露时过氧化氢的气体能刺激皮肤、眼及肺。

储藏：必须盛于密封容器内，储藏于阴凉、黑暗、通风处，与有机物易燃液体、铁、铜、铬等金属粉末隔离储藏。

② 硝酸（智利硝）　无色、透明、有潮解性、味咸微苦，比水重，能溶解于水，燃烧时发出有毒和刺激性的过氧化氮和氧化氮气体。

储藏：必须储藏于干燥处，与有机物、易燃物、酸类隔离储藏。

（4）压缩和液化气体　气体用高压压缩或液化后储藏于钢瓶内，如使用不慎将其跌落或环境温度过高受热膨胀，钢瓶破裂易产生漏气，所以应时常检查其容器，并由专人保管，并储藏于阴凉处。

2. 有机实验废液的处理方法

常用处理方法有：

(1) 焚烧法

① 将可燃性物质的废液，置于燃烧炉中燃烧。如果数量很少，可装入铁制或瓷制容器，选择室外安全的地方将其燃烧。点火时，取一长棒，在其一端扎上沾有油类的破布或木片等，站在上风方向进行点火。并且，必须监视至烧完为止。

② 对难以燃烧的物质，可与可燃性物质混合燃烧，或者喷入配备有助燃器的焚烧炉中燃烧。对多氯联苯之类难于燃烧的物质，往往会排出一部分还未焚烧的物质，要加以注意。对含水的高浓度有机类废液也可用此法进行焚烧。

③ 对由于燃烧而产生 NO_2、SO_2 或 HCl 之类有害气体的废液，必须用配备有洗涤器的焚烧炉燃烧。同时，必须用碱液洗涤燃烧废气，除去其中的有害气体。

④ 对固体物质，也可将其溶解于可燃性溶剂中，然后使之燃烧。

(2) 溶剂萃取法

① 对含水的低浓度废液，用与水不相混溶的正己烷类挥发性溶剂进行萃取，分离出溶剂层后，进行焚烧。再用吹入空气的方法，将水层中的溶剂吹出。

② 对形成乳浊液的废液，不能用此法处理，要用焚烧法处理。

(3) 吸附法　用活性炭、硅藻土、矾土、层片状织物、聚丙烯、聚酯片、氨基甲酸乙酯泡沫塑料、稻草屑及锯末之类能良好吸附溶剂的物质，使溶剂被充分吸附后，与吸附剂一起焚烧。

(4) 氧化分解法（参照含重金属有机废液的处理方法）　在含水的低浓度有机废液中，对易氧化分解的废液，用 H_2O_2、$KMnO_4$、NaOCl、$H_2SO_4+HNO_3$、HNO_3+HClO_4、$H_2SO_4+HClO_4$ 及废铬酸混合液等物质，将其氧化分解。然后，按上述无机废液的处理方法加以处理。

(5) 水解法　对有机酸或无机酸的酯类，以及一部分有机磷化合物等容易发生水解的物质，可加入 NaOH 或 $Ca(OH)_2$ 在室温或加热下进行水解。水解后，若废液无毒害，中和、稀释后，即可排放。如果含有有害物质，用吸附等适当的方法加以处理。

(6) 生物化学处理法　用活性污泥并吹入空气进行处理。例如，对含有乙醇、乙酸、动植物性油脂、蛋白质及淀粉等的稀溶液，可用此法进行处理。

以上处理方法要根据废液的性质进行选择，废液分类及处理方法如下：

(1) 含一般有机溶剂的废液　一般有机溶剂是指醇类、酯类、有机酸、酮及醚等由 C、H、O 元素构成的物质。

对此类物质废液中的可燃性物质，用焚烧法处理。对难于燃烧的物质及可燃性物质的低浓度废液，则用溶剂萃取法、吸附法及氧化分解法处理。再者，废液中含有重金属时，要保管好焚烧残渣。但是，对易被微生物分解的物质，其稀溶液用水稀释后，即可排放。

(2) 含石油、动植物性油脂的废液　此类废液包括：苯、己烷、二甲苯、甲苯、煤油、轻油、重油、润滑油、切削油、机器油、动植物性油脂及液体和固体脂肪酸等物质的废液。

对可燃性物质，用焚烧法处理。对难于燃烧的物质及低浓度的废液，则用溶剂萃取法或吸附法处理。对含机油的废液，含有重金属时，要保管好焚烧残渣。

(3) 含N、S及卤素的有机废液　此类废液包括：吡啶、喹啉、甲基吡啶、氨基酸、酰胺、二甲基甲酰胺、二硫化碳、硫醇、烷基硫、硫脲、硫酰胺、噻吩、二甲基亚砜、氯仿、四氯化碳、氯乙烯类、氯苯类、酰卤化物和含N、S、卤素的染料、农药、颜料及其中间体等。

对可燃性物质，用焚烧法处理，但必须采取措施除去由燃烧而产生的有害气体(如SO_2、HCl、NO_2等)。对多氯联苯类物质，因其难以燃烧而有一部分直接被排出，要加以注意。对难以燃烧的物质及低浓度的废液，用溶剂萃取法、吸附法及水解法进行处理。但对氨基酸等易被微生物分解的物质，用水稀释后，即可排放。

(4) 含酚类物质的废液　此类废液包括：苯酚、甲酚、萘酚等。

对浓度大的可燃性物质，可用焚烧法处理。而浓度低的废液，则用吸附法、溶剂萃取法或氧化分解法处理。

(5) 含有酸、碱、氧化剂、还原剂及无机盐类的有机废液　此类废液包括：含有硫酸、盐酸、硝酸等酸类和氢氧化钠、碳酸钠、氨等碱类，以及过氧化氢、过氧化物等氧化剂与硫化物、联氨等还原剂的有机废液。

首先，按无机废液的处理方法，分别加以中和。然后，若有机物质浓度大时，用焚烧法处理(保管好残渣)。能分离出有机层和水层时，将有机层焚烧，对水层或其浓度低的废液，则用吸附法、溶剂萃取法或氧化分解法进行处理。但是，对易被微生物分解的物质，用水稀释后，即可排放。

(6) 含有机磷的废液　此类废液包括：含磷酸、亚磷酸、硫代磷酸及磷酸酯类、磷化氢类以及磷系农药等物质的废液。

对浓度高的废液进行焚烧处理(因含难以燃烧的物质多，故可与可燃性物质混合进行焚烧)。对浓度低的废液，经水解或溶剂萃取后，用吸附法进行处理。

(7) 含有天然及合成高分子化合物的废液　此类废液包括：含有聚乙烯、聚乙烯醇、聚苯乙烯、聚二醇等合成高分子化合物，以及蛋白质、木质素、纤维素、淀粉、橡胶等天然高分子化合物的废液。

对含有可燃性物质的废液，用焚烧法处理。而对难以焚烧的物质及含水的低浓度废液，经浓缩后，将其焚烧。但对蛋白质、淀粉等易被微生物分解的物质，其稀溶液不经处理即可排放。

六、常用有机溶剂沸点、相对密度表

名称	沸点/℃	相对密度	名称	沸点/℃	相对密度
甲醇	64.7	0.792	己烷	69	0.660
乙醇(95%)	78.2	0.816	环己烷	80.7	0.778
乙醇(无水)	78.5	0.789	戊烷	36.1	0.626
乙醚	34.6	0.713	异丙醇	82.5	0.785
乙酸	118	1.049	*N*,*N*-二甲基甲酰胺(DMF)	153	0.944
乙酸乙酯	77	50.902	四氢呋喃(THF)	66	0.889
氯仿	61.3	0.791	二氧六环	101	1.034
二氯甲烷	40	1.325	甲苯	110.6	0.866
四氯化碳	76.5	1.594	苯	80	0.879

七、部分共沸混合物的性质

有机物与水形成的二元共沸混合物（101325Pa）

名称	沸点/℃	共沸点/℃	含水量/%	名称	沸点/℃	共沸点/℃	含水量/%
苯	80.2	69.3	8.9	四氯化碳	76.8	66.8	4.1
苯酚	182.0	99.5	90.8	烯丙醇	97.1	88.2	27.1
苯甲醇	205.2	99.9	91.0	乙醇	78.5	78.2	4.4
吡啶	115.5	92.3	40.6	乙腈	82.0	76.5	16.3
丙酸	141.6	99.9	82.3	乙醚	34.5	34.2	1.2
丙烯腈	78.0	70.0	13.0	异丙醇	82.3	80.4	12.2
乙酸乙酯	77.1	70.4	8.1	异丁醇	108.4	89.7	30.0
二氯乙烷	83.7	72.0	19.5	异戊醇	130.5	95.2	49.6
甲苯	110.5	85.0	20.2	正丙醇	97.2	88.1	28.2
甲酸	100.7	107.1	22.5	正丁醇	117.7	93.0	20.1
氯仿	61.2	56.3	3.0	正戊醇	138.0	95.4	55.0
氯乙醇	128.7	97.8	57.7	仲丁醇	99.5	88.5	32.0

有机物与水形成的三元共沸物（101325Pa）

第一组分		第二组分		第三组分		沸点/℃
名称	质量分数/%	名称	质量分数/%	名称	质量分数/%	
水	7.8	乙醇	9.0	乙酸乙酯	83.2	70.3
水	4.3	乙醇	9.7	四氯化碳	86.0	61.8
水	7.4	乙醇	18.5	苯	74.1	64.9
水	7.0	乙醇	17.0	环乙烷	76.0	60.1
水	3.5	乙醇	4.0	氯仿	92.5	55.5
水	7.5	异丙醇	18.7	苯	73.8	66.5
水	0.8	二硫化碳	75.2	丙酮	24.0	38.0

参考文献

[1] 王清廉，李瀛，高坤，等. 有机化学实验. 3 版. 北京：高等教育出版社，2014.

[2] 张奇涵，关烨第，关玲. 有机化学实验. 3 版. 北京：北京大学出版社，2015.

[3] John C. Gilbert，Stephen E Martin. Experimental Organic Chemistry：a miniscale and microscale approach. 3rd Ed. Boston：Cengage Learning，Inc，2002.

[4] 侯士聪. 基础有机化学实验. 北京：中国农业大学出版社，2011.

[5] 焦家俊. 有机化学实验. 2 版. 上海：上海交通大学出版社，2010.

[6] 郭玲香，曹健. 有机化学实验. 南京：南京大学出版社，2015.

[7] 查正根，郑小琦，汪志勇. 有机化学实验. 合肥：中国科技大学出版社，2010.

[8] 孙燕，王磊. 有机化学实验. 杭州：浙江大学出版社，2013.

[9] 邹平，黄乾明. 有机化学实验. 2 版. 北京：中国农业出版社，2014.

[10] 武汉大学化学与分子科学学院实验中心. 基础有机化学实验. 武汉：武汉大学出版社，2014.

[11] 李霁良. 微型半微型有机化学实验. 2 版. 北京：高等教育出版社，2013.

[12] 阴金香. 基础有机化学实验. 北京：清华大学出版社，2010.

[13] 周志高，初玉霞. 有机化学实验. 北京：化学工业出版社，2014.

[14] 熊洪录，周莹，于兵川. 有机化学实验. 北京：化学工业出版社，2011.

[15] 赵兵，王玉春，吴江. 青蒿素提取条件研究. 中草药，2000，31 (6)：421-423.

[16] 果秀敏，翟彤宇，牛延峰. 薄层色谱法分离菠菜叶中色素的研究. 河北农业大学学报，2000，23 (2)：101-104.